清代河務檔案

QINGDAI HEWU DANG'AN

《清代河務檔案》編寫組 編

1

广西师范大学出版社
GUANGXI NORMAL UNIVERSITY PRESS
·桂林·

圖書在版編目（CIP）數據

清代河務檔案 ：全 13 册 / 《清代河務檔案》編寫組編. --桂林 ：廣西師範大學出版社，2022.5
ISBN 978-7-5598-4875-8

Ⅰ. ①清… Ⅱ. ①清… Ⅲ. ①河道整治－史料－中國－清代 Ⅳ. ①TV882

中國版本圖書館 CIP 數據核字（2022）第 053882 號

廣西師範大學出版社出版發行
（廣西桂林市五里店路 9 號　郵政編碼：541004
網址：http://www.bbtpress.com）
出版人：黄軒莊
全國新華書店經銷
三河弘翰印務有限公司印刷
（河北省三河市黄土莊鎮二百户村北　郵政編碼：065200）
開本：787 mm × 1 092 mm　1/16
印張：374.75　　字數：5 996 千
2022 年 5 月第 1 版　　2022 年 5 月第 1 次印刷
定價：13000.00 元（全 13 册）

出版説明

河道治理在中國封建統治中占有極其重要的地位，與國家政治、經濟、軍事及社會穩定等諸多方面息息相通。清代中後期，黄河河道淤積嚴重，决口泛濫頻發，治理黄河成了清代統治者极爲重視的問題。《清史稿·河渠志》有載：『有清首重治河。』因明清兩代黄河水患突出，故治河多專指治理黄河的工程。除了黄河治理爲國之大政，大運河也是維持清代封建統治運轉的一大命脉，擔負着南糧北運的重要任務，關係漕糧供應和京師穩定。大運河中間很長一段要經過黄泛區，黄河河道的好壞直接影響到大運河的漕運能力，因此，對黄河下游的治理成爲衆所矚目的要政，以至『國朝以來，無一歲不治河』。從初期引黄行運和遏黄保運，到後期的另開新道避黄通漕，明清兩代都下了很大功夫，並設立河道總督加以統籌。

黄河、大運河之外，對有『小黄河』之稱的永定河的治理也是貫穿清中後期歷史的一條重要脉絡。永定河源出山西，流經京畿，由於地平土疏，河水推沙卷土，冲激震蕩，雖屢浚而屢淤，河道遷徙弗常。僅有清一代改道就逾二十次，是京畿地區最大的水患，故又稱『無定河』。清康熙、雍正、乾隆三朝對無定河進行了大規模治理，並賜名曰『永定河』。此後，清历朝政府都把永定河治理視爲要務。

有清一代，對治理江河、預防水患非常重視，留下相當數量的相關文書，是研究清史不可或缺的寶貴資料。此次出版，主要圍繞清代黄河、大運河、永定河及滹沱河、子牙河等相關河流的治理，搜集第一手史料，以爲研究者助。文書形式有上諭、奏稿、禀稿、銷册、稽印簿、咨呈等各類文件，其中河東河道總督奏稿數量最多。以下主要介紹兩部分檔案内容。

第一部分　黄河　大運河

本書所收《睢工奏稿》《祥工舊檔》爲嘉慶、道光年間『修築河堤、疏浚河道』的工程檔案。

《睢工奏稿》記載嘉慶十九年至二十年（一八一四至一八一五）治河官員詳細履勘黄河口門，備辦正雜料物，分段派員開工，挑挖引河、建立壩基等情形。

道光二十一年（一八四一）伏汛，黄河水勢異漲，南岸下南廳祥符段三十一堡漫口，險情連連。《祥工舊檔》收録欽差、河南巡撫、河東河道總督等官員因搶修黄河祥符段决口上呈道光皇帝之奏稿、例價銷册等，從各個角度詳細記叙了這次搶險工程的大致過程，如急調員弁、飭提銀錢、撥運料物、埽工合龍、開挖引河、引開主溜，並有挑河開工、竣工日期，挑河、土埽、碎石工程，用過錢糧等信息。

河東河道總督又稱東河總督，簡稱『東河』，始設於雍正二年（一七二四），稱副總河，駐濟寧，專管山東河南黄河、運河河務，雍正七年（一七二九）改稱河東河道總督。河東河道總督衙門是管理山東、河南段黄運兩河，以及附屬河流、湖泊、閘座、泉源等水利設施的行政機構。

黄贊湯（一八〇五至一八六九），字莘農，廬陵（今江西吉安）人。道光十三年（一八三三）進士，於咸豐九年（一八五九）出任河東河道總督，同治元年（一八六二）卸任。

《河東河道總督奏事摺底》是咸豐九年至同治元年（一八五九至一八六二）黄贊湯出任河東河道總督四年間所上奏摺底本，依年、月、日爲序，完整呈現了其任職河東河道總督期間的爲政情形，保存了這一時期有關政務的重要檔案。其奏摺内容主要涉及：查核豫東黄、運兩河疏浚情況；盤查東省兗、沂兩道河庫錢糧；飭部巡防、巡檢堤岸、稽查渡口及人事更迭、修防禦賊；督辦糧臺及治理水灾河工善後事宜等諸多政務。其是非功過可從中一見端倪。同時，摺底中還詳細記録了黄氏在任期間，魯豫兩省内南旺、馬場、蜀山等七湖各月確切存水尺寸數字，對我們研究清晚期環境變遷、咸同時期河道治理提供了極有價值的個案資料。

咸豐五年（一八五五），黄河在河南蘭陽銅瓦厢改道北流，由山東利津入海以後，大運河遂逐漸中斷。銅瓦厢决口以後，東河總督以『防河事繁』而『常駐河南行臺』，實則有意遠離了比河南段黄河更爲繁重的山東段黄河事務。黄氏在任四年間，極少有關於山東段黄河的奏摺，僅有的一次山東巡查，亦衹到了『運河、兗沂兩道庫』。這就迫使山東巡撫不得不承擔起山東河、運管理的重任。本書收録的《山東巡撫陳士傑等人奏疏》《山東河工保案》《山東運河六廳修工册》，便是黄河改道之後山東河、運治理的重要補充與説明。以下舉例説明。

第一，《山東巡撫陳士傑等人奏疏》。山東巡撫陳士傑等人對光緒十年（一八八四）、十一年（一八八五）河、運治理情況進行了詳細説明，如黄河山東段兩岸縷堤應行隨時加築，撥機船開挖口門，長清以上至曹州各段或先築縷堤，挑挖引河，逢彎取直，挑浚河身疏通海口等，從中可見其治理理念與處置措施，但奏摺中仍不時提到漫潰之事。光緒十二年（一八八六）三月，山東黄河水勢盛漲。章丘、洛陽、惠民等縣大堤先後漫溢，决口多處。陳士傑爲此自請褫職，可見治理之難。第二，《山東河工保案》。此爲山東巡撫舉薦在河工中立功者的檔案，其中内容詳細反映了光緒年間山東段黄河多次搶辦險工情形，如修築堤壩、堵口護岸、引河埽工合龍等，也真切描繪了搶險河官員弁兵工履危蹈險、不辭勞瘁、胼胝經營的身影。第三，《山東運河六廳修工册》。山東運河六廳，即運河廳、泇河廳、捕河廳、上河廳、下河廳、泉河廳。山東運河被黄河截斷後，失去大部分航運功能。清政府擔心海運安全，通過東河總督及其下屬的運河六廳盡力維護山東運河，使其保留了年運漕糧十幾萬石的能力，相當程度上保證了清廷的基本需求。這批檔案深刻體現清政府官僚內部的矛盾和鬥爭，以及河南、山東、直隸三省之間的局部利益與國家整體利益的矛盾。

第二部分　永定河（附滹沱河、子牙河等）

本書收録清工部藏永定河工舊檔，以及直隸所屬滹沱河、子牙河等河河道奏稿，據此可見晚清對永定河自下而上清淤挖沙、疏浚河道、堵築大壩、搶修決口、層層設員管理的治河方略。從組織搶修到所需料物銀兩、大堤丈尺無一不載，對研究中國水利史、北京地方史有着十分特殊的意義。

《永定河修工册》《永定河工舊檔》收録晚清永定河北岸、南岸同知等官員治理永定河上呈文檔十餘種，主要涉及以下幾個方面：咸豐七年（一八五七）永定河上汛北岸漫口、搶修加固的情況，如整修大壩、挑挖修築引河、各工費用、各丈尺料物等；光緒八年至三十二年（一八八二至一九〇六）多次堵築南北岸漫口的情況，如歲歲查勘災情、搶修厢墊、堵截正溜、修築大壩引河，興堆高墊、搶修、添撥、浚船經費等；光緒年間永定河南岸同知、三角淀通判等河道管理官員治理永定河南岸（良鄉、固安、霸州等段）上呈文檔，內容涉及光緒年間南岸五汛狀況、各防段厢墊工程、添加簽樁工程、歲修工程等。从《光緒十一年造送收發歲搶修等項銀箱簿》《光緒二十三年收發本年添撥歲修浚船另案銀兩賬》等文件中，更可以進一步探討河道治理與清廷財政之間極其密切的聯繫。特別值得强調的是，檔案中的附圖《鷂山嘴以下圖説》《查勘永定河下口與清河交匯處所有堵截本河鄭溜土壩暨廢土堆成高埝情形圖説》，繪圖清晰，標注細緻，史料價值彌足珍貴。

此外另有《桑乾牘稿》記載咸豐間永定河道蔡鴻勛奏永定河伏秋大汛山水陡發，迭出險工，各工搶修，伏汛安瀾、搶護料物、啓放金門閘等情形；《左宗棠咨呈》記載左宗棠奏查勘永定河工，永定河下游分派地段挑浚，築壩分渠情形；《李鴻章咨呈》記載李鴻章等奏直隸河道地勢永定河改道、擇要加培堤埝、疏浚下口、挑挖河道、加開滹沱新河、修築子牙河兩堤等情形，是難得的研究相關歷史的材料，也反映了實權督撫掌握更多財權明顯提升了治河效果。

本書所收檔案資料，從各個層面再現了清代治理黄河、大運河、永定河等河道的狀況，勾勒出清朝治河防洪的大勢，對研究清代江河變遷、江河水勢、河道治理，清代治水理念、機構、官員、應對措施，以及清代治水沿革和發展，都有着相當重要的參考價值和借鑒意義。現據原件影印出版，以饗讀者。

北京文獻出版中心

二〇二二年二月

總目録

第一部分　黄河　大運河

第一册

第二册

第三册

第二部分　永定河（附滹沱河、子牙河等）

第十册

第十一册

第十二册

第十三册

第一部分　黄河　大運河

第一册目録

第一部分　黃河　大運河

歲報河道錢糧文册

兵部尚書兼都察院右都御史總督河南山東河道提督軍務臣李宏謹

奏乾隆伍拾柒年分額徵河道錢糧奏銷冊

兵部尚書兼都察院右都御史總督河南山東河道提督軍務臣李奉翰謹
奏爲查理乾隆伍拾柒年分歲報河道錢糧事該臣李奉翰欽奉
勅諭命爾總督河南山東河道提督軍務駐劄濟寧州爾督率守巡河道等官將各
該地方新舊漕河及河南山東等處上源往來經理遇有淺澀衝決堤岸單薄應
該幫築挑濬者皆先事豫圖免致淤塞有礙運道合用人夫照常於河道項下附
近有司軍衛衙門調取應用其各省歲修河工錢糧但係河道工程俱照近日新
行事例通融計取支放務要規畫停當毋得糜費年終將修理過河道人夫錢糧
照例備細造冊圖畫貼說奏繳欽此欽遵除通行所屬各道等官欽遵奉行外今
照乾隆伍拾柒年分所屬河道錢糧經臣備行催取去後續據山東運河兵備
道歸朝煦兗沂曹濟兼管黃河兵備道唐侍陛河南開歸兵備道蘊爾芳阿河
北兵備道蔡共武各造報額征河道錢糧除荒撥補實征完欠各總撒數目文
冊到臣據此逐一覆覈明白理合開坐造冊謹具奏
聞

計開

山東運河兵備道歸朝煦所轄

濟南兗州東昌曹州泰安伍府濟寧臨清直隸貳州所屬各州縣衛所歲辦

河道錢糧

額征

乾隆伍拾柒年分河銀叁萬肆百叁拾壹兩玖錢柒分叁釐内

完解運河道河庫銀壹千柒百肆兩貳錢叁分壹釐

河東總河座船水手工食銀壹百肆拾捌兩捌錢

未完銀貳萬捌千伍百柒拾捌兩玖錢肆分貳釐據運

河道冊稱應於完解河庫之日造入該年庫貯冊内

作收理合註明

粱壹萬貳千捌百柒拾捌觔捌兩

全完貯各州縣衛廠

帶征乾隆伍拾肆伍陸等年分河銀壹萬叁千陸拾柒兩陸錢叁分壹釐
已造入伍拾柒年庫貯冊內作收理合註明
濟南府所屬州衛歲辦河銀
額征
乾隆伍拾柒年分河銀玖百貳拾肆兩陸錢柒分貳釐據運河道冊稱
本年未完應於完解河庫之日造入該年庫貯冊內
作收理合註明
帶征無項
德州
額征
乾隆伍拾柒年分河銀陸百陸拾玖兩肆錢捌分陸釐據運河道冊稱
本年未完應於完解河庫之日造入該年庫貯冊內
作收理合註明

帶征無項

德州衛

額征

乾隆伍拾柒年分河銀貳百伍拾伍兩壹錢捌分陸釐據運河道冊稱

本年未完應於完解河庫之日造入該年庫貯冊內

作收理合註明

兗州府所屬縣衛所歲辦河銀

額征

乾隆伍拾柒年分河銀陸千柒百伍拾柒兩叁分玖釐內

完解運河道河庫銀壹千壹拾壹兩伍錢貳分

未完銀伍千柒百肆拾伍兩伍錢壹分玖釐據運河道

冊稱應於完解河庫之日造入該年庫貯冊內作收

理合註明

粿叁千叁百壹拾貳觔捌兩
全完貯各縣衛廠
帶征乾隆伍拾伍陸等年分河銀壹千壹拾捌兩肆錢陸釐已造入伍拾
柒年庫貯冊內作收理合註明
滕縣
額征
乾隆伍拾柒年分河銀玖百柒拾陸兩肆錢貳分據運河道冊稱本年
未完應於完解河庫之日造入該年庫貯冊內作收
理合註明
帶征乾隆伍拾陸年分河銀玖百柒拾陸兩肆錢貳分已造入伍拾柒年
庫貯冊內作收理合註明
嶧縣
額征

乾隆伍拾柒年分河銀貳百伍拾兩捌錢捌分據運河道冊稱本年未
完應於完解河庫之日造入該年庫貯冊內作收理
合註明
帶征無項
汶上縣
額征
乾隆伍拾柒年分河銀貳千肆百捌拾壹兩捌錢伍分陸釐據運河道
冊稱本年未完應於完解河庫之日造入該年庫貯
冊內作收理合註明
檾壹千捌百肆拾壹觔
全完貯本縣廠
帶征無項
陽穀縣

額征
乾隆伍拾柒年分河銀叁千貳拾陸兩捌錢玖分內
已完解運河道河庫銀壹千壹拾壹兩伍錢貳分
未完銀貳千壹拾伍兩叁錢柒分應於完解河庫之日
造入該年庫貯冊內作收理合註明
粿壹千肆百壹拾玖觔
全完貯本縣廒
帶征無項
濟寧衛河官下
額征
乾隆伍拾柒年分河銀貳拾兩玖錢玖分叁釐據運河道冊稱本年未
完應於完解河庫之日造入該年庫貯冊內作收理
合註明

桼伍拾貳觔捌兩

全完貯本衛廠

帶征乾隆伍拾伍年分河銀貳拾兩玖錢玖分叁釐伍拾陸年分河銀貳拾兩玖錢玖分叁釐已造入該年庫貯冊內作收理合註明

東昌府所屬各縣歲辦河銀

額征

乾隆伍拾柒年分河銀叁千柒百肆拾貳兩陸錢陸分玖釐據運河道冊稱本年未完應於完解河庫之日造入該年庫貯冊內作收理合註明

帶征乾隆伍拾肆伍陸等年分河銀貳千叁拾陸兩肆錢壹分玖釐已造入伍拾柒年庫貯冊內作收理合註明

聊城縣

額征
乾隆伍拾柒年分河銀叁百貳拾叁兩貳錢壹分據運河道冊稱本年
未完應於完解河庫之日造入該年庫貯冊內作收
理合註明
帶征乾隆伍拾伍年分河銀叁百貳拾叁兩貳錢壹分已造入伍拾柒年
庫貯冊內作收理合註明
堂邑縣
額征
乾隆伍拾柒年分河銀伍百陸拾兩捌錢陸分據運河道冊稱本年未
完應於完解河庫之日造入該年庫貯冊內作收理
合註明
帶征乾隆伍拾肆年分河銀伍百陸拾兩捌錢陸分已造入伍拾柒年庫
貯冊內作收理合註明

博平縣
額征
乾隆伍拾柒年分河銀伍百叁拾柒兩玖錢壹分壹釐據運河道冊稱
本年未完應於完解河庫之日造入該年庫貯冊內
作收理合註明
帶征無項
清平縣
額征
乾隆伍拾柒年分河銀玖百叁兩捌錢伍分玖釐據運河道冊稱本年
未完應於完解河庫之日造入該年庫貯冊內作收
理合註明
帶征無項
館陶縣

額征
乾隆伍拾柒年分河銀肆百伍拾捌兩伍錢玖釐據運河道冊稱本年
未完應於完解河庫之日造入該年庫貯冊內作收
理合註明
帶征乾隆伍拾陸年分河銀肆百伍拾捌兩伍錢玖釐已造入伍拾柒年
庫貯冊內作收理合註明
莘縣
額征
乾隆伍拾柒年分河銀肆百玖拾肆兩陸錢肆分據運河道冊稱本年
未完應於完解河庫之日造入該年庫貯冊內作收
理合註明
帶征乾隆伍拾伍年分河銀肆百玖拾肆兩陸錢肆分已造入伍拾柒年
庫貯冊內作收理合註明

冠縣
額征
乾隆伍拾柒年分河銀玖拾玖兩陸錢據運河道冊稱本年未完應於
完解河庫之日造入該年庫貯冊內作收理合註明
帶征乾隆伍拾伍年分河銀玖拾玖兩陸錢伍拾陸年分河銀玖拾玖兩
陸錢已造入伍拾柒年庫貯冊內作收理合註明
恩縣
額征
乾隆伍拾柒年分河銀叁百陸拾肆兩捌分據運河道冊稱本年未完
應於完解河庫之日造入該年庫貯冊內作收理合
註明
帶征無項
曹州府所屬歲辦河道槩額汎鉅野縣征解

鉅野縣
額征
乾隆伍拾柒年分河欵伍百叁拾玖觔
全完貯本縣廠
泰安府所屬州縣歲辦河銀
額征
乾隆伍拾柒年分河銀壹萬玖百伍拾壹兩陸錢壹分捌釐內
完解運河道河庫銀陸百玖拾貳兩柒錢壹分壹釐
未完銀壹萬貳百伍拾捌兩玖錢柒釐據運河道冊稱
應於完解河庫之日造入該年庫貯冊內作收理合
註明
帶征乾隆伍拾肆伍陸等年分河銀共柒千玖百貳拾玖兩陸分伍釐已
造入伍拾柒年庫貯冊內作收理合註明

泰安縣

額征

乾隆伍拾柒年分河銀玖百陸拾柒兩捌錢壹分伍釐據運河道冊稱

本年未完應於完解河庫之日造入該年庫貯冊內

作收理合註明

帶征乾隆伍拾陸年分河銀玖百陸拾柒兩捌錢壹分伍釐已造入伍拾

柒年庫貯冊內作收理合註明

新泰縣

額征

乾隆伍拾柒年分河銀捌百壹拾玖兩捌錢捌分據運河道冊稱本年

未完應於完解河庫之日造入該年庫貯冊內作收

理合註明

帶征無項

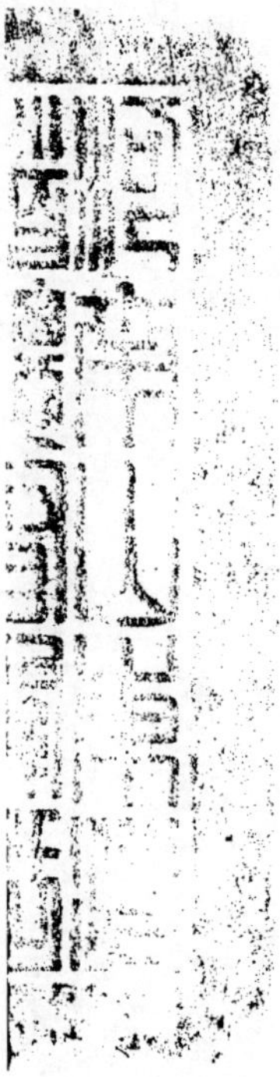

萊蕪縣
額征
乾隆伍拾柒年分河銀伍百柒拾捌兩貳錢陸分
全完解交運河道河庫
帶征無項
肥城縣
額征
乾隆伍拾柒年分河銀貳百貳拾叁兩壹錢貳分據運河道冊稱本年
未完應於完解河庫之日造入該年庫貯冊內作收
理合註明
帶征無項
東平州
額征

乾隆伍拾柒年分河銀陸千玖百陸拾壹兩貳錢伍分據運河道冊稱
本年未完應於完解河庫之日造入該年庫貯冊內
作收理合註明
帶征乾隆伍拾肆年分河銀壹千伍百叁拾叁兩陸錢叁分捌釐伍拾伍
年分河銀伍千肆百貳拾柒兩陸錢壹分貳釐已造
入伍拾柒年庫貯冊內作收理合註明

東平所
額征
乾隆伍拾柒年分河銀叁拾貳兩伍錢捌釐
全完解交運河道河庫
帶征無項

東阿縣
額征

乾隆伍拾柒年分河銀壹千貳百捌拾陸兩捌錢肆分貳釐據運河道

冊稱本年未完應於完解河庫之日造入該年庫貯

冊內作收理合註明

帶征無項

平陰縣

額征

乾隆伍拾柒年分河銀捌拾壹兩玖錢肆分叁釐

全完解交運河道河庫

帶征無項

濟寧直隸州並所屬各縣歲辦河銀

額征

乾隆伍拾柒年分河銀伍千肆百貳兩捌錢捌分據運河道冊稱本年未完

應於完解河庫之日造入該年庫貯冊內作收理合註明

檾玖千貳拾柒觔
全完貯各州縣廠
帶征乾隆伍拾伍陸等年分河銀壹千陸百貳兩肆錢貳分已造入伍拾
柒年庫貯冊內作收理合註明
濟寧直隸州
額征
乾隆伍拾柒年分河銀貳千壹百陸拾陸兩陸錢叁分陸釐據運河道
冊稱本年未完應於完解河庫之日造入該年庫貯
冊內作收理合註明
檾貳千捌百貳拾叁觔
全完貯本州廠
帶征無項
魚臺縣

額征

乾隆伍拾柒年分河銀壹千捌百伍拾陸兩壹錢伍分肆釐據運河道

冊稱本年未完應於完解河庫之日造入該年庫貯

冊內作收理合註明

檾伍千伍百柒拾觔

全完貯本縣廠

帶征無項

嘉祥縣

額征

乾隆伍拾柒年分河銀貳百貳拾貳兩叁錢叁分據運河道冊稱本年

未完應於完解河庫之日造入該年庫貯冊內作收

理合註明

檾陸百叁拾肆觔

全完貯本縣廠
帶征乾隆伍拾伍年分河銀貳百貳拾貳兩叁錢叁分伍拾陸年分河銀
貳百貳拾貳兩叁錢叁分已造入伍拾柒年庫貯冊
內作收理合註明
金鄉縣
額征
乾隆伍拾柒年分河銀壹千壹百伍拾柒兩柒錢陸分據運河道冊稱
本年未完應於完解河庫之日造入該年庫貯冊內
作收理合註明
帶征乾隆伍拾陸年分河銀壹千壹百伍拾柒兩柒錢陸分已造入伍拾
柒年庫貯冊內作收理合註明
臨清直隸州并所屬各縣歲辦河銀
額征

乾隆伍拾柒年分河銀貳千陸百伍拾叁兩玖分伍釐內解
河東總河座船水手工食銀壹百肆拾捌兩捌錢
未完銀貳千伍百肆兩貳錢玖分伍釐據運河道冊稱
應於完解河庫之日造入該年庫貯冊內作收理合
註明
帶征乾隆伍拾陸年分河銀肆百捌拾壹兩叁錢貳分壹釐已造入伍拾
柒年庫貯冊內作收理合註明
臨清直隸州
額征
乾隆伍拾柒年分河銀壹千貳百叁拾陸兩肆錢貳分陸釐據運河道
冊稱本年未完應於完解河庫之日造入該年庫貯
冊內作收理合註明
帶征無項

夏津縣

額征

乾隆伍拾柒年分河銀陸百叁拾兩壹錢貳分壹釐內完解

總河座船水手工食銀壹百肆拾捌兩捌錢

未完銀肆百捌拾壹兩叁錢貳分壹釐應於完解河庫

之日造入該年庫貯冊內作收理合註明

帶征乾隆伍拾陸年分河銀肆百捌拾壹兩叁錢貳分壹釐已造入伍拾

柒年庫貯冊內作收理合註明

武城縣

額征

乾隆伍拾柒年分河銀柒百捌拾陸兩伍錢肆分捌釐據運河道冊稱

本年未完應於完解河庫之日造入該年庫貯冊內

作收理合註明

帶征無項

山東兗沂曹濟兼管黃河兵備道唐侍陛所轄

曹州兗州東昌叁府所屬各州縣衛歲辦河道錢糧

額征

乾隆伍拾柒年分河銀壹萬伍千陸兩伍錢玖分陸釐內

完解兗沂曹濟道河庫銀壹千柒百肆拾貳兩貳錢叁分肆釐

未完銀壹萬叁千貳百陸拾肆兩叁錢陸分貳釐據兗沂曹濟道冊稱應於完解河庫之日造入該年庫貯冊內作收理合註明

帶征乾隆伍拾肆伍陸等年分河銀陸千玖拾壹兩叁錢貳分已造入伍拾柒年庫貯冊內作收理合註明

曹州府所屬州縣歲辦河銀

額征
乾隆伍拾柒年分河銀壹萬壹千伍百肆拾柒兩叁錢肆分陸釐内
完解兖沂曹濟道河庫銀叁百捌拾肆兩壹錢
未完銀壹萬壹千壹百陸拾叁兩貳錢肆分陸釐據兖
沂曹濟道冊稱應於完解河庫之日造入該年庫貯
冊内作收理合註明
帶征乾隆伍拾肆伍陸等年分河銀陸千柒拾壹兩伍分肆釐已造入伍
拾柒年庫貯冊内作收理合註明

菏澤縣
額征
乾隆伍拾柒年分河銀捌百玖拾玖兩壹錢據兖沂曹濟道冊稱本年
未完應於完解河庫之日造入該年庫貯冊内作收
理合註明

帶征無項

曹縣

額征

乾隆伍拾柒年分河銀貳千伍百貳拾貳兩陸錢柒分貳釐據兗沂曹濟道冊稱本年未完應於完解河庫之日造入該年庫貯冊內作收理合註明

帶征乾隆伍拾陸年分河銀貳千伍百貳拾貳兩陸錢柒分貳釐已造入伍拾柒年庫貯冊內作收理合註明

鉅野縣

額征

乾隆伍拾柒年分河銀壹千貳百陸拾兩陸分捌釐據兗沂曹濟道冊稱本年未完應於完解河庫之日造入該年庫貯冊內作收理合註明

帶征乾隆伍拾陸年分河銀壹千兩伍拾伍年分河銀捌百陸拾柒兩貳
錢貳分玖釐伍拾肆年分河銀伍百陸拾兩陸分捌
釐已造入伍拾柒年庫貯冊內作收理合註明

定陶縣

額征

乾隆伍拾柒年分河銀陸百貳拾捌兩玖錢肆分據兗沂曹濟道冊稱
本年未完應於完解河庫之日造入該年庫貯冊內
作收理合註明

帶征乾隆伍拾陸年分河銀陸百貳拾捌兩玖錢肆分已造入伍拾柒年
庫貯冊內作收理合註明

鄆城縣

額征

乾隆伍拾柒年分河銀玖百伍拾玖兩柒錢肆分伍釐據兗沂曹濟道

冊稱本年未完應於完解河庫之日造入該年庫貯
冊內作收理合註明
帶征無項
城武縣
額征
乾隆伍拾柒年分河銀壹千肆百捌拾壹兩玖錢柒分叁釐據兗沂曹
濟道冊稱本年未完應於完解河庫之日造入該年
庫貯冊內作收理合註明
帶征無項
單縣
額征
乾隆伍拾柒年分河銀貳千玖百玖拾肆兩捌錢叁釐據兗沂曹濟道
冊稱本年未完應於完解河庫之日造入該年庫貯

冊内作收理合註明

帶征無項

濮州

額征

乾隆伍拾柒年分河銀肆百壹拾伍兩玖錢肆分伍釐據兗沂曹濟道

冊稱本年未完應於完解河庫之日造入該年庫貯

冊内作收理合註明

帶征乾隆伍拾陸年分河銀肆百壹拾伍兩玖錢肆分伍釐已造入伍拾

柒年庫貯冊内作收理合註明

范縣

額征

乾隆伍拾柒年分河銀柒拾陸兩貳錢

全完解交兗沂曹濟道河庫

帶征乾隆伍拾伍年分河銀柒拾陸兩貳錢已造入伍拾柒年庫貯冊內

作收理合註明

朝城縣

額征

乾隆伍拾柒年分河銀叁百柒兩玖錢

全完解交兗沂曹濟道河庫

帶征無項

兗州府所屬各縣歲辦河銀

額征

乾隆伍拾柒年分河銀叁千肆百叁拾捌兩玖錢捌分肆釐內

已完銀壹千叁百叁拾柒兩捌錢陸分捌釐

未完銀貳千壹百壹兩壹錢壹分陸釐應於完解河庫

之日造入該年庫貯冊內作收理合註明

帶征無項

壽張縣

額征

乾隆伍拾柒年分河銀柒百陸拾叁兩伍錢伍分叁釐據兗沂曹濟道

冊稱本年未完應於完解河庫之日造入該年庫貯

冊內作收理合註明

帶征無項

鄒縣

額征

乾隆伍拾柒年分河銀陸百捌拾柒兩柒錢陸分叁釐據兗沂曹濟道

冊稱本年未完應於完解河庫之日造入該年庫貯

冊內作收理合註明

帶征無項

寧陽縣
額征
乾隆伍拾柒年分河銀陸百叁拾叁兩伍錢肆分捌釐
全完解交兗沂曹濟道河庫
帶征無項
滋陽縣
額征
乾隆伍拾柒年分河銀肆百貳拾叁兩壹錢捌分據兗沂曹濟道冊稱
本年未完應於完解河庫之日造入該年庫貯冊內
作收理合註明
帶征無項
泗水縣
額征

乾隆伍拾柒年分河銀柒百肆兩叁錢貳分

全完解交兗沂曹濟道河庫

帶征無項

曲阜縣

額征

乾隆伍拾柒年分河銀貳百貳拾陸兩陸錢貳分據兗沂曹濟道冊稱

本年未完應於完解河庫之日造入該年庫貯冊內

作收理合註明

帶征無項

東昌府所屬衛歲辦河銀

東昌衛

額征

乾隆伍拾柒年分河銀貳拾兩貳錢陸分陸釐

全完解交兗沂曹濟道河庫
帶征乾隆伍拾陸年分河銀貳拾兩貳錢陸分陸釐已造入伍拾柒年庫
貯冊内作收理合註明
河南開歸兵備道藴爾芳阿所轄
開封等玖府肆州歲辦河道錢糧
額征
乾隆伍拾柒年分共額銀柒萬柒千壹百陸拾壹兩叁錢捌分陸釐閏
月銀伍百肆拾兩貳錢伍分貳釐共銀柒萬柒千柒
百壹兩陸錢叁分捌釐内除荒並加增優免銀兩於
全河歸故等事案内
題明在於地丁銀内撥補布政司照數撥解訖應解
開歸道河庫銀叁萬伍百貳拾兩叁錢肆分壹釐内
已完銀貳萬玖千叁百伍拾伍兩肆分陸釐

未完銀壹千壹百陸拾伍兩貳錢玖分伍釐據開歸道
冊稱應於完解河庫之日造入該年庫貯冊內作收
理合註明
陳留縣庫座船水手工食銀壹百伍拾伍兩玖錢伍分
肆釐
布政司撥解銀肆萬柒千貳拾伍兩叁錢肆分叁釐
帶征乾隆伍拾伍年分河銀壹千壹百壹拾肆兩捌錢伍分
開封府所屬各州縣歲辦河銀
額征
乾隆伍拾柒年分河銀壹萬壹千柒百伍拾柒兩伍錢柒分叁釐閏月
銀貳百兩貳錢伍分貳釐共銀壹萬壹千玖百伍拾
柒兩捌錢貳分伍釐內除荒並加增優免銀兩於全
河歸故等事案內

題明在於地丁銀內撥補布政司照數撥解訖

全完內解

開歸道河庫銀陸千捌百玖拾兩捌錢柒分陸釐

布政司撥解銀肆千玖百壹拾兩玖錢玖分伍釐

陳留縣庫座船水手工食銀壹百伍拾伍兩玖錢伍分

肆釐

帶征無項

祥符縣

額征

乾隆伍拾柒年分河銀貳千壹百陸拾捌兩壹錢閏月銀叁拾兩陸錢

柒分伍釐共銀貳千壹百玖拾捌兩柒錢柒分伍釐

內除荒並加增優免銀兩撥補訖

全完內解

開歸道河庫銀壹千伍百壹拾兩捌分肆釐
布政司撥解銀陸百捌拾捌兩陸錢玖分壹釐
帶征無項

陳留縣
額征
乾隆伍拾柒年分河銀陸百肆拾捌兩閏月銀貳拾肆兩共銀陸百柒
拾貳兩內除荒並加增優免銀兩撥補訖
全完內解
開歸道河庫銀貳百捌拾玖兩壹錢捌分肆釐
河撫兩院座船水手工食銀壹百伍拾伍兩玖錢伍分肆
釐
布政司撥解銀貳百貳拾陸兩捌錢陸分貳釐
帶征無項

杞縣

額征

乾隆伍拾柒年分河銀壹千伍百陸拾兩閏月銀肆拾兩共銀壹千陸

百兩內除荒並加增優免銀兩撥補訖

全完內解

開歸道河庫銀壹千肆百叁拾陸兩捌分壹釐

布政司撥解銀壹百陸拾叁兩玖錢壹分玖釐

帶征無項

通許縣

額征

乾隆伍拾柒年分河銀叁百柒拾玖兩貳錢內除荒並加增優免銀兩

撥補訖

全完內解

開歸道河庫銀叁百柒拾叁兩壹錢伍分肆釐
布政司撥解銀陸兩肆分陸釐
帶征無項
尉氏縣
額征
乾隆伍拾柒年分河銀陸百叁拾叁兩陸錢內除荒並加增優免銀兩
撥補訖
全完內解
開歸道河庫銀叁百伍拾兩伍錢肆分貳釐
布政司撥解銀貳百捌拾叁兩伍分捌釐
帶征無項
洧川縣
額征

乾隆伍拾柒年分河銀伍百陸拾貳兩內除荒並加增優免銀兩撥補

訖

全完內解

開歸道河庫銀貳百叁拾陸兩伍分玖釐

布政司撥解銀叁百貳拾伍兩玖錢肆分壹釐

帶征無項

鄢陵縣

額征

乾隆伍拾柒年分河銀伍百伍拾捌兩內除荒並加增優免銀兩撥補

訖

全完內解

開歸道河庫銀叁百叁拾兩陸錢叁分伍釐

布政司撥解銀貳百貳拾柒兩叁錢陸分伍釐

帶征無項

中牟縣

額征

乾隆伍拾柒年分河銀肆百柒拾玖兩壹錢貳分叄釐閏月銀壹兩柒

分柒釐共銀肆百捌拾兩貳錢內除荒並加增優免

銀兩撥補訖

全完內解

開歸道河庫銀壹百貳拾叄兩肆錢柒分叄釐

布政司撥解銀叄百伍拾陸兩柒錢貳分柒釐

帶征無項

蘭陽縣

額征

乾隆伍拾柒年分河銀肆百捌拾貳兩肆錢閏月銀拾玖兩伍錢共銀

伍百壹兩玖錢內除荒並加增優免銀兩撥補訖

全完內解

開歸道河庫銀貳百伍拾壹兩肆錢肆分壹釐

布政司撥解銀貳百伍拾兩肆錢伍分玖釐

帶征無項

儀封廳

額征

乾隆伍拾柒年分河銀肆百玖拾叁兩玖錢伍分閏月銀拾捌兩共銀伍百壹拾壹兩玖錢伍分內除荒並加增優免銀兩

撥補訖

全完內解

開歸道河庫銀壹兩伍錢叁分肆釐

布政司撥解銀伍百壹拾兩肆錢壹分陸釐

帶征無項

鄭州

額征

乾隆伍拾柒年分河銀玖百叁拾叁兩陸錢閏月銀肆拾兩共銀玖百

柒拾叁兩陸錢內除荒並加增優免銀兩撥補訖

全完內解

開歸道河庫銀伍百玖兩肆錢伍分貳釐

布政司撥解銀肆百陸拾肆兩壹錢肆分捌釐

帶征無項

滎澤縣收並河陰縣

額征

乾隆伍拾柒年分河銀伍百伍拾貳兩閏月銀柒兩共銀伍百伍拾玖

兩內除荒並加增優免銀兩撥補訖

全完内解

開歸道河庫銀叁百叁拾叁兩壹錢貳分玖釐

布政司撥解銀貳百貳拾伍兩捌錢柒分壹釐

帶征無項

滎陽縣

額征

乾隆伍拾柒年分河銀伍百陸兩肆錢閏月銀拾肆兩共銀伍百貳拾

兩肆錢内除荒並加增優免銀兩撥補訖

全完内解

開歸道河庫銀叁百壹拾貳兩叁錢肆分

布政司撥解銀貳百捌兩陸分

帶征無項

汜水縣

額征

乾隆伍拾柒年分河銀叁百叁拾壹兩貳錢閏月銀陸兩共銀叁百叁拾柒兩貳錢內除荒並加增優免銀兩撥補訖

全完內解

開歸道河庫銀貳百柒拾叁兩陸錢捌分捌釐

布政司撥解銀陸拾叁兩伍錢壹分貳釐

帶征無項

禹州

額征

乾隆伍拾柒年分河銀柒百貳拾陸兩內除荒並加增優免銀兩撥補訖

全完內解

開歸道河庫銀壹百玖拾壹兩玖錢肆分貳釐

布政司撥解銀伍百叁拾肆兩伍分捌釐

帶征無項

密縣

額征

乾隆伍拾柒年分河銀伍百柒拾陸兩陸錢內除荒並加增優免銀兩

撥補訖

全完内解

開歸道河庫銀叁百叁拾兩陸錢壹分叁釐

布政司撥解銀貳百肆拾伍兩玖錢捌分柒釐

帶征無項

新鄭縣

額征

乾隆伍拾柒年分河銀壹百陸拾柒兩肆錢內除荒並加增優免銀兩

撥補訖

全完内解

開歸道河庫銀叁拾柒兩伍錢貳分伍釐

布政司撥解銀壹百貳拾玖兩捌錢柒分伍釐

帶征無項

歸德府所屬州縣歲辦河銀

額征

乾隆伍拾柒年分河銀陸千叁百捌拾柒兩陸錢閏月銀貳百貳拾玖

兩共銀陸千陸百壹拾陸兩陸錢内除荒並加增優

免銀兩於全河歸故等事案内

題明在於地丁銀内撥補布政司照數撥解訖

全完内解

開歸道河庫銀伍千陸百肆拾肆兩叁錢柒分捌釐

布政司撥解銀玖百柒拾貳兩貳錢貳分貳釐

帶征無項

商邱縣

額征

乾隆伍拾柒年分河銀壹千叁拾貳兩閏月銀叁拾伍兩共銀壹千陸

拾柒兩内除荒並加增優免銀兩撥補訖

全完内解

開歸道河庫銀玖百壹兩伍錢壹分

布政司撥解銀壹百陸拾伍兩肆錢玖分

帶征無項

寧陵縣

額征

乾隆伍拾柒年分河銀肆百肆拾壹兩陸錢閏月銀貳拾兩共銀肆百

陸拾壹兩陸錢內除荒並加增優免銀兩撥補訖
全完內解
開歸道河庫銀叁百玖拾伍兩捌錢肆分柒釐
布政司撥解銀陸拾伍兩柒錢伍分叁釐
帶征無項
永城縣
額征
乾隆伍拾柒年分河銀壹千壹百壹兩陸錢閏月銀叁拾兩共銀壹千
壹百叁拾壹兩陸錢內除荒並加增優免銀兩撥補
訖
全完內解
開歸道河庫銀壹千肆拾伍兩貳釐
布政司撥解銀捌拾陸兩伍錢玖分捌釐

帶征無項

鹿邑縣

額征

乾隆伍拾柒年分河銀玖百壹拾貳兩閏月銀貳拾伍兩共銀玖百叁

拾柒兩内除荒並加增優免銀兩撥補訖

全完内解

開歸道河庫銀捌百壹拾貳兩柒錢壹分伍釐

布政司撥解銀壹百貳拾肆兩貳錢捌分伍釐

帶征無項

虞城縣

額征

乾隆伍拾柒年分河銀陸百貳拾陸兩肆錢閏月銀叁拾兩共銀陸百

伍拾陸兩肆錢内除荒並加增優免銀兩撥補訖

全完内解
開歸道河庫銀伍百肆拾叁兩貳錢
布政司撥解銀壹百壹拾叁兩貳錢
帶征無項
夏邑縣
額征
乾隆伍拾柒年分河銀捌百捌拾貳兩閏月銀叁拾兩共銀玖百壹拾
貳兩內除荒並加增優免銀兩撥補訖
全完内解
開歸道河庫銀捌百伍拾陸兩陸錢壹分
布政司撥解銀伍拾伍兩叁錢玖分
帶征無項
睢州

額征

乾隆伍拾柒年分河銀壹千壹百玖拾柒兩陸錢閏月銀伍拾兩共銀壹千貳百肆拾柒兩陸錢內除荒並加增優免銀兩撥補訖

全完內解

開歸道河庫銀玖百貳拾捌兩陸錢玖分肆釐

布政司撥解銀叁百壹拾捌兩玖錢陸釐

帶征無項

柘城縣

額征

乾隆伍拾柒年分河銀壹百玖拾肆兩肆錢閏月銀玖兩共銀貳百叁兩肆錢內除荒並加增優免銀兩撥補訖

全完內解

開歸道河庫銀壹百陸拾兩捌錢
布政司撥解銀肆拾貳兩陸錢
帶征無項
陳州府所屬各縣歲辦河銀
額征
乾隆伍拾柒年分河銀肆千壹百壹拾伍兩壹錢肆分內除荒並加增
優免銀兩於全河歸故等事案內
題明在於地丁銀內撥補布政司照數撥解訖
全完內解
開歸道河庫銀壹千捌百玖拾壹兩捌錢
布政司撥解銀貳千貳百貳拾叁兩叁錢肆分
帶征無項
淮寧縣

額征
乾隆伍拾柒年分河銀玖百柒拾兩柒錢肆分內除荒並加增優免銀
兩撥補訖
全完內解
開歸道河庫銀貳百玖拾伍兩柒分柒釐
布政司撥解銀陸百柒拾伍兩陸錢陸分叁釐
帶征無項
西華縣
額征
乾隆伍拾柒年分河銀陸百拾玖兩貳錢內除荒並加增優免銀兩撥
補訖
全完內解
開歸道河庫銀壹百柒拾玖兩伍錢叁釐

布政司撥解銀肆百叁拾玖兩陸錢玖分柒釐

帶征無項

商水縣

額征

乾隆伍拾柒年分河銀伍百貳拾叁兩貳錢內除荒並加增優免銀兩

撥補訖

全完內解

開歸道河庫銀壹百柒拾肆兩陸錢伍分柒釐

布政司撥解銀叁百肆拾捌兩伍錢肆分叁釐

帶征無項

項城縣

額征

乾隆伍拾柒年分河銀伍百壹拾陸兩內除荒並加增優免銀兩撥補

訖
全完内解
開歸道河庫銀壹百肆拾兩陸錢玖分壹釐
布政司撥解銀叁百柒拾伍兩叁錢玖釐
帶征無項
沈邱縣
額征
乾隆伍拾柒年分河銀貳百肆拾玖兩陸錢內除荒並加增優免銀兩
撥補訖
全完内解
開歸道河庫銀壹百兩貳錢伍分肆釐
布政司撥解銀壹百肆拾玖兩叁錢肆分陸釐
帶征無項

太康縣

額徵

乾隆伍拾柒年分河銀柒百肆拾壹兩內除荒並加增優免銀兩撥補

訖

全完內解

開歸道河庫銀柒百壹拾捌兩叁錢叁分玖釐

布政司撥解銀貳拾貳兩陸錢陸分壹釐

帶徵無項

扶溝縣

額徵

乾隆伍拾柒年分河銀肆百玖拾伍兩肆錢內除荒並加增優免銀兩

撥補訖

全完內解

開歸道河庫銀貳百捌拾叁兩貳錢柒分玖釐

布政司撥解銀貳百壹拾貳兩壹錢貳分壹釐

帶征無項

河南府所屬各縣歲辦河銀

額征

乾隆伍拾柒年分河銀壹萬肆百叁拾貳兩捌錢內除荒並加增優免

銀兩於全河歸故等事案內

題明在於地丁銀內撥補布政司照數撥解訖

全完內解

開歸道河庫銀貳千柒拾貳兩肆錢肆分叁釐

布政司撥解銀捌千叁百陸拾兩叁錢伍分柒釐

帶征無項

洛陽縣

額征

乾隆伍拾柒年分河銀壹千捌拾兩內除荒並加增優免銀兩撥補訖

全完內解

開歸道河庫銀伍百玖拾捌兩柒錢肆分柒釐

布政司撥解銀肆百捌拾壹兩貳錢伍分叁釐

帶征無項

偃師縣

額征

乾隆伍拾柒年分河銀陸百壹拾玖兩貳錢內除荒並加增優免銀兩

撥補訖

全完內解

開歸道河庫銀叁百柒拾陸兩玖錢叁分玖釐

布政司撥解銀貳百肆拾貳兩貳錢陸分壹釐

帶征無項

鞏縣

額征

乾隆伍拾柒年分河銀伍百肆拾兩內除荒並加增優免銀兩撥補訖

全完內解

開歸道河庫銀壹百玖拾兩肆錢玖分玖釐

布政司撥解銀叁百肆拾玖兩伍錢壹釐

帶征無項

孟津縣

額征

乾隆伍拾柒年分河銀貳百柒拾柒兩貳錢內除荒並加增優免銀兩

撥補訖

全完內解

開歸道河庫銀肆拾肆兩陸錢柒分伍釐
布政司撥解銀貳百叁拾貳兩伍錢貳分伍釐
帶征無項
宜陽縣
額征
乾隆伍拾柒年分河銀貳千叁百玖拾柒兩陸錢內除荒並加增優免
銀兩撥補訖
全完內解
開歸道河庫銀壹百柒拾肆兩玖錢貳分柒釐
布政司撥解銀貳千貳百貳拾貳兩陸錢柒分叁釐
帶征無項
登封縣
額征

乾隆伍拾柒年分河銀伍百肆拾兩內除荒並加增優免銀兩撥補訖

全完內解

開歸道河庫銀伍拾捌兩壹錢陸分捌釐

布政司撥解銀肆百捌拾壹兩捌錢叁分貳釐

帶征無項

永寧縣

額征

乾隆伍拾柒年分河銀貳千叁百貳拾貳兩內除荒並加增優免銀兩

撥補訖

全完內解

開歸道河庫銀叁百肆兩柒錢玖分肆釐

布政司撥解銀貳千壹拾柒兩貳錢陸釐

帶征無項

新安縣
額征
乾隆伍拾柒年分河銀肆百捌拾陸兩内除荒並加增優免銀兩撥補
訖
全完内解
開歸道河庫銀柒拾貳兩叁分捌釐
布政司撥解銀肆百壹拾叁兩玖錢陸分貳釐
帶征無項
澠池縣
額征
乾隆伍拾柒年分河銀玖百柒拾貳兩内除荒並加增優免銀兩撥補
訖
全完内解

開歸道河庫銀壹百貳拾壹兩壹錢玖分肆釐

布政司撥解銀捌百伍拾兩捌錢陸釐

帶征無項

嵩縣

額征

乾隆伍拾柒年分河銀壹千壹百玖拾捌兩捌錢內除荒並加增優免

銀兩撥補訖

全完內解

開歸道河庫銀壹百叁拾兩肆錢陸分貳釐

布政司撥解銀壹千陸拾捌兩叁錢叁分捌釐

帶征無項

南陽府所屬州縣歲辦河銀

額征

乾隆伍拾柒年分河銀壹萬貳千陸百肆拾玖兩貳錢捌分叁釐內除
荒並加增優免銀兩於全河歸故等事案內
題明在於地丁銀內撥補布政司照數撥解訖
全完內解
開歸道河庫銀叁千壹百壹拾玖兩玖錢貳分捌釐
布政司撥解銀玖千伍百貳拾玖兩叁錢伍分伍釐
帶征無項
南陽縣
額征
乾隆伍拾柒年分河銀玖百玖拾肆兩伍錢玖分肆釐內除荒並加增
優免銀兩撥補訖
全完內解
開歸道河庫銀貳百貳拾玖兩伍錢肆分叁釐

布政司撥解銀柒百陸拾伍兩伍分壹釐

帶征無項

南召縣

額征

乾隆伍拾柒年分河銀貳百柒拾伍兩伍錢伍分肆釐內除荒並加增

優免銀兩撥補訖

全完內解

開歸道河庫銀伍拾叁兩伍錢伍分叁釐

布政司撥解銀貳百貳拾貳兩壹釐

帶征無項

唐縣

額征

乾隆伍拾柒年分河銀玖百捌拾玖兩壹錢捌分捌釐內除荒並加增

優免銀兩撥補訖

全完內解

開歸道河庫銀貳百柒兩柒錢伍分伍釐

布政司撥解銀柒百捌拾壹兩肆錢叁分叁釐

帶征無項

泌陽縣

額征

乾隆伍拾柒年分河銀壹千玖拾陸兩貳錢內除荒並加增優免銀兩

撥補訖

全完內解

開歸道河庫銀壹百肆拾叁兩柒錢肆分伍釐

布政司撥解銀玖百伍拾貳兩肆錢伍分伍釐

帶征無項

鎮平縣

額征

乾隆伍拾柒年分河銀捌百貳拾柒兩貳分陸釐內除荒並加增優免

銀兩撥補訖

全完內解

開歸道河庫銀肆百貳拾陸兩捌錢伍分叁釐

布政司撥解銀肆百兩壹錢柒分叁釐

帶征無項

桐柏縣

額征

乾隆伍拾柒年分河銀陸百肆拾捌兩陸錢肆分捌釐內除荒並加增

優免銀兩撥補訖

全完內解

開歸道河庫銀玖拾肆兩伍錢捌釐
布政司撥解銀伍百伍拾肆兩壹錢肆分
帶征無項
鄧州
額征
乾隆伍拾柒年分河銀壹千捌百玖拾壹兩捌錢玖分內除荒並加增
優免銀兩撥補訖
全完內解
開歸道河庫銀捌百壹拾陸兩玖錢肆釐
布政司撥解銀壹千柒拾肆兩玖錢捌分陸釐
帶征無項
內鄉縣
額征

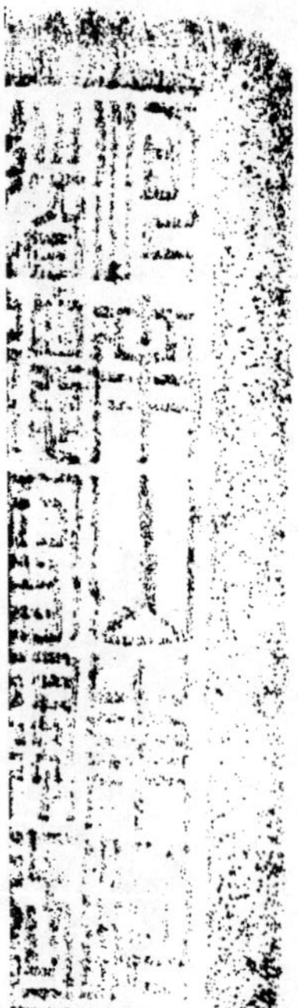

乾隆伍拾柒年分河銀壹千叁百玖拾肆兩伍錢玖分叁釐內除荒並
加增優免銀兩撥補訖
全完內解
開歸道河庫銀貳百壹拾陸兩伍錢肆分伍釐
布政司撥解銀壹千壹百柒拾捌兩肆分捌釐

帶征無項

新野縣

額征

乾隆伍拾柒年分河銀捌百肆兩陸錢內除荒並加增優免銀兩撥補
訖
全完內解
開歸道河庫銀叁百壹拾捌兩伍錢柒分壹釐
布政司撥解銀肆百捌拾陸兩貳分玖釐

帶征無項

淅川縣

額征

乾隆伍拾柒年分河銀玖百柒拾貳兩伍錢肆分內除荒並加增優免

銀兩撥補訖

全完內解

開歸道河庫銀壹百玖拾肆兩伍錢伍分玖釐

布政司撥解銀柒百柒拾柒兩玖錢捌分壹釐

帶征無項

裕州

額征

乾隆伍拾柒年分河銀壹千壹百捌拾捌兩內除荒並加增優免銀兩

撥補訖

全完內解
開歸道河庫銀壹百貳拾肆兩捌錢玖釐
布政司撥解銀壹千陸拾叁兩壹錢玖分壹釐
帶征無項
舞陽縣
額征
乾隆伍拾柒年分河銀壹千貳拾陸兩內除荒並加增優免銀兩撥補
訖
全完內解
開歸道河庫銀貳百肆拾柒兩玖錢叁分貳釐
布政司撥解銀柒百柒拾捌兩陸分捌釐
帶征無項
葉縣

額征
乾隆伍拾柒年分河銀伍百肆拾兩肆錢伍分內除荒並加增優免銀
兩撥補訖
全完內解
開歸道河庫銀肆拾肆兩陸錢伍分壹釐
布政司撥解銀肆百玖拾伍兩柒錢玖分玖釐
帶征無項
汝寧府所屬州縣歲辦河銀
額征
乾隆伍拾柒年分河銀捌千捌拾柒兩玖分柒釐內除荒並加增優免
銀兩於全河歸故等事案內
題明在於地丁銀內撥補布政司照數撥解訖
全完內解

開歸道河庫銀貳千陸拾陸兩陸錢壹釐

布政司撥解銀陸千貳拾兩肆錢玖分陸釐

帶征無項

汝陽縣

額征

乾隆伍拾柒年分河銀壹千貳百叁拾貳兩貳分壹釐內除荒並加增

優免銀兩撥補訖

全完內解

開歸道河庫銀貳百柒拾捌兩伍錢壹分伍釐

布政司撥解銀玖百伍拾叁兩伍錢陸釐

帶征無項

上蔡縣

額征

乾隆伍拾柒年分河銀壹千玖拾陸兩貳錢內除荒並加增優免銀兩

撥補訖

全完內解

開歸道河庫銀叁百肆拾兩伍錢叁分叁釐

布政司撥解銀柒百伍拾伍兩陸錢陸分柒釐

帶征無項

確山縣

額征

乾隆伍拾柒年分河銀壹千肆拾叁兩貳錢肆分貳釐內除荒並加增

優免銀兩撥補訖

全完內解

開歸道河庫銀壹百壹拾柒兩叁錢叁釐

布政司撥解銀玖百貳拾伍兩玖錢叁分玖釐

帶征無項

正陽縣

額征

乾隆伍拾柒年分河銀伍百玖拾肆兩伍錢玖分肆釐內除荒並加增

優免銀兩撥補訖

全完內解

開歸道河庫銀壹百貳拾伍兩捌錢柒釐

布政司撥解銀肆百陸拾捌兩柒錢捌分柒釐

帶征無項

新蔡縣

額征

乾隆伍拾柒年分河銀肆百叁拾貳兩肆錢叁分貳釐內除荒並加增

優免銀兩撥補訖

全完內解
開歸道河庫銀捌拾柒兩叁錢肆分貳釐
布政司撥解銀叁百肆拾伍兩玖分
帶征無項
西平縣
額征
乾隆伍拾柒年分河銀叁百陸拾兩叁錢陸分內除荒並加增優免銀
兩撥補訖
全完內解
開歸道河庫銀壹百叁拾兩玖錢貳分陸釐
布政司撥解銀貳百貳拾玖兩肆錢叁分肆釐
帶征無項
遂平縣

額征

乾隆伍拾柒年分河銀壹千壹百伍拾陸兩貳錢肆分貳釐內除荒並

加增優免銀兩撥補訖

全完內解

開歸道河庫銀壹百捌拾肆兩捌錢壹分柒釐

布政司撥解銀玖百柒拾壹兩肆錢貳分伍釐

帶征無項

信陽州

額征

乾隆伍拾柒年分河銀捌百陸拾肆兩肆錢捌分內除荒並加增優免

銀兩撥補訖

全完內解

開歸道河庫銀叁百陸拾肆兩陸錢叁分貳釐

布政司撥解銀肆百玖拾玖兩捌錢肆分捌釐

帶征無項

羅山縣

額征

乾隆伍拾柒年分河銀壹千叁百柒兩伍錢貳分陸釐內除荒並加增

優免銀兩撥補訖

全完內解

開歸道河庫銀肆百叁拾陸兩柒錢貳分陸釐

布政司撥解銀捌百柒拾兩捌錢

帶征無項

懷慶府所屬陽武縣歲辦河銀

陽武縣

額征

乾隆伍拾柒年分河銀壹千伍百柒拾捌兩閏月銀陸拾柒兩共銀壹
千陸百肆拾伍兩內除荒並加增優免銀兩於全河
歸故等事案內
題明在於地丁銀內撥補布政司照數撥解訖應解
開歸道河庫銀壹千壹百陸拾伍兩貳錢玖分伍釐據
開歸道冊稱本年未完應於完解河庫之日造入該
年庫貯冊內作收理合註明
布政司撥解銀肆百柒拾玖兩柒錢伍釐
帶征乾隆伍拾伍年分河銀壹千壹百壹拾肆兩捌錢伍分已造入伍拾
柒年庫貯冊內作收理合註明
衛輝府所屬各縣歲辦河銀
額征
乾隆伍拾柒年分河銀壹千壹百肆拾兩閏月銀肆拾肆兩共銀壹千

壹百捌拾肆兩內除荒並加增優免銀兩於全河歸
故等事案內
題明在於地丁銀內撥補布政司照數撥解訖
全完內解
開歸道河庫銀肆百伍拾叁兩壹錢肆分肆釐
布政司撥解銀柒百叁拾兩捌錢伍分陸釐
帶征無項
考城縣
額征
乾隆伍拾柒年分河銀伍百貳拾伍兩陸錢閏月銀叁拾兩共銀伍百
伍拾伍兩陸錢內除荒並加增優免銀兩撥補訖
全完內解
開歸道河庫銀玖拾兩叁錢玖分肆釐

布政司撥解銀肆百陸拾伍兩貳錢陸釐

帶征無項

封邱縣

額征

乾隆伍拾柒年分河銀陸百壹拾肆兩肆錢閏月銀拾肆兩共銀陸百

貳拾捌兩肆錢內除荒並加增優免銀兩撥補訖

全完內解

開歸道河庫銀叁百陸拾貳兩柒錢伍分

布政司撥解銀貳百陸拾伍兩陸錢伍分

帶征無項

許州並所屬各縣歲辦河銀

額征

乾隆伍拾柒年分河銀肆千壹百陸拾伍兩貳錢內除荒並加增優免

銀兩於全河歸故等事案內
題明在於地丁銀內撥補布政司照數撥解訖
全完內解
開歸道河庫銀壹千陸百伍拾壹兩伍分陸釐
布政司撥解銀貳千伍百壹拾肆兩壹錢肆分肆釐
帶征無項
許州
額征
乾隆伍拾柒年分河銀壹千貳百玖拾壹兩捌錢內除荒並加增優免
銀兩撥補訖
全完內解
開歸道河庫銀伍百陸拾肆兩肆錢壹分肆釐
布政司撥解銀柒百貳拾柒兩叁錢捌分陸釐

帶征無項
臨潁縣
額征
乾隆伍拾柒年分河銀陸百玖拾壹兩貳錢內除荒並加增優免銀兩
撥補訖
全完內解
開歸道河庫銀貳百捌拾玖兩捌分貳釐
布政司撥解銀肆百貳兩壹錢壹分捌釐
帶征無項
襄城縣
額征
乾隆伍拾柒年分河銀陸百玖拾肆兩捌錢內除荒並加增優免銀兩
撥補訖

全完內解

開歸道河庫銀貳百壹兩肆錢肆分柒釐

布政司撥解銀肆百玖拾叁兩叁錢伍分叁釐

帶征無項

郾城縣

額征

乾隆伍拾柒年分河銀柒百叁拾伍兩內除荒並加增優免銀兩撥補

訖

全完內解

開歸道河庫銀叁百肆拾貳兩柒錢柒分肆釐

布政司撥解銀叁百玖拾貳兩貳錢貳分陸釐

帶征無項

長葛縣

額征
乾隆伍拾柒年分河銀柒百伍拾貳兩肆錢內除荒並加增優免銀兩撥
補訖
全完內解
開歸道河庫銀貳百伍拾叁兩叁錢叁分玖釐
布政司撥解銀肆百玖拾玖兩陸分壹釐
帶征無項
陝州並所屬各縣歲辦河銀
額征
乾隆伍拾柒年分河銀陸千貳百陸拾肆兩內除荒並加增優免銀兩
於全河歸故等事案內
題明在於地丁銀內撥補布政司照數撥解訖
全完內解

開歸道河庫銀貳千柒百叁拾兩伍錢柒分
布政司撥解銀叁千伍百叁拾叁兩肆錢叁分
帶征無項

陝州
額征
乾隆伍拾柒年分河銀壹千玖百貳拾柒兩捌錢內除荒並加增優免
銀兩撥補訖
全完內解
開歸道河庫銀捌百柒拾壹兩肆錢叁分肆釐
布政司撥解銀壹千伍拾陸兩叁錢陸分陸釐
帶征無項

靈寶縣
額征

乾隆伍拾柒年分河銀壹千陸百貳拾伍兩肆錢內除荒並加增優免
銀兩撥補訖
全完內解
開歸道河庫銀玖百貳拾伍兩捌分伍釐
布政司撥解銀柒百兩叁錢壹分伍釐
帶征無項
閿鄉縣
額征
乾隆伍拾柒年分河銀玖百貳拾捌兩捌錢內除荒並加增優免銀兩
撥補訖
全完內解
開歸道河庫銀捌百肆拾柒兩陸分玖釐
布政司撥解銀捌拾壹兩柒錢叁分壹釐

帶征無項

盧氏縣

額征

乾隆伍拾柒年分河銀壹千柒百捌拾貳兩內除荒並加增優免銀兩

撥補訖

全完內解

開歸道河庫銀捌拾陸兩玖錢捌分貳釐

布政司撥解銀壹千陸百玖拾伍兩壹分捌釐

帶征無項

光州並所屬各縣歲辦河銀

額征

乾隆伍拾柒年分河銀柒千陸百叁拾玖兩捌錢玖分叁釐內除荒並

加增優免銀兩於全河歸故等事案內

題明在於地丁銀内撥補布政司照數撥解訖

全完内解

開歸道河庫銀貳千壹百陸拾肆兩柒錢陸分陸釐

布政司撥解銀伍千肆百柒拾伍兩壹錢貳分柒釐

帶征無項

光州

額征

乾隆伍拾柒年分河銀壹千叁百柒兩伍錢貳分陸釐内除荒並加增

優免銀兩撥補訖

全完内解

開歸道河庫銀叁百壹拾壹兩柒錢陸分壹釐

布政司撥解銀玖百玖拾伍兩柒錢陸分伍釐

帶征無項

光山縣
額征
乾隆伍拾柒年分河銀壹千柒百伍拾壹兩叁錢肆分玖釐內除荒並
加增優免銀兩撥補訖
全完內解
開歸道河庫銀陸百捌拾兩叁錢柒分
布政司撥解銀壹千柒拾兩玖錢柒分玖釐
帶征無項
固始縣
額征
乾隆伍拾柒年分河銀壹千玖百肆拾伍兩捌分內除荒並加增優免
銀兩撥補訖
全完內解

開歸道河庫銀伍百壹拾捌兩柒錢壹分貳釐
布政司撥解銀壹千肆百貳拾陸兩叁錢陸分捌釐
帶征無項
息縣
額征
乾隆伍拾柒年分河銀壹千叁百貳拾玖兩壹錢叁分捌釐內除荒並
加增優免銀兩撥補訖
全完內解
開歸道河庫銀叁百叁拾貳兩肆錢陸分捌釐
布政司撥解銀玖百玖拾陸兩陸錢柒分
帶征無項
商城縣
額征

乾隆伍拾柒年分河銀壹千叁百陸兩捌錢內除荒並加增優免銀兩

撥補訖

全完內解

開歸道河庫銀叁百貳拾壹兩肆錢伍分伍釐

布政司撥解銀玖百捌拾伍兩叁錢肆分伍釐

帶徵無項

汝州並所屬各縣歲辦河銀

額徵

乾隆伍拾柒年分河銀貳千玖百肆拾肆兩捌錢內除荒並加增優免

銀兩於全河歸故等事案內

題明在於地丁銀內撥補布政司照數撥解訖

全完內解

開歸道河庫銀陸百陸拾玖兩肆錢捌分肆釐

布政司撥解銀貳千貳百柒拾伍兩叁錢壹分陸釐

帶征無項

汝州

額征

乾隆伍拾柒年分河銀玖百玖拾叁兩陸錢內除荒並加增優免銀兩

撥補訖

全完內解

開歸道河庫銀叁百玖拾捌兩肆錢陸分陸釐

布政司撥解銀伍百玖拾伍兩壹錢叁分肆釐

帶征無項

魯山縣

額征

乾隆伍拾柒年分河銀陸百壹拾伍兩陸錢內除荒並加增優免銀兩

撥補訖

全完内解

開歸道河庫銀捌拾柒兩壹錢玖分

布政司撥解銀伍百貳拾捌兩肆錢壹分

帶征無項

郟縣

額征

乾隆伍拾柒年分河銀伍百肆兩内除荒並加增優免銀兩撥補訖

全完内解

開歸道河庫銀壹百壹拾柒兩伍錢捌分柒釐

布政司撥解銀叁百捌拾陸兩肆錢壹分叁釐

帶征無項

寶豐縣

額征
乾隆伍拾柒年分河銀肆百貳拾壹兩貳錢內除荒並加增優免銀兩
撥補訖
全完內解
開歸道河庫銀貳拾肆兩玖錢玖分
布政司撥解銀叁百玖拾陸兩貳錢壹分
帶征無項
伊陽縣
額征
乾隆伍拾柒年分河銀肆百壹拾兩肆錢內除荒並加增優免銀兩撥
補訖
全完內解
開歸道河庫銀肆拾壹兩貳錢伍分壹釐

布政司撥解銀叁百陸拾玖兩壹錢肆分玖釐

帶征無項

河南河北兵備道蔡共武所轄

彰德衛輝懷慶叁府歲辦河道錢糧

額征

乾隆伍拾柒年分共額銀壹萬叁千柒百伍拾捌兩柒錢壹分捌釐閏

月銀貳百貳拾玖兩共銀壹萬叁千玖百捌拾柒兩

柒錢壹分捌釐內除荒並加增優免銀兩於全河歸

故等事案內

題明在於地丁銀內撥補布政司照數撥解訖

全完內解

河北道河庫銀壹萬柒百貳拾玖兩叁錢陸分捌釐

布政司撥解銀叁千貳百伍拾捌兩叁錢伍分

帶征無項

彰德府所屬各縣歲辦河銀

額征

乾隆伍拾柒年分河銀伍千肆百柒拾玖兩柒錢伍分肆釐內除荒並

加增優免銀兩於全河歸故等事案內

題明在於地丁銀內撥補布政司照數撥解訖

全完內解

河北道河庫銀肆千玖百陸拾壹兩玖錢陸分貳釐

布政司撥解銀伍百壹拾柒兩柒錢玖分貳釐

帶征無項

安陽縣

額征

乾隆伍拾柒年分河銀玖百兩內除荒並加增優免銀兩撥補訖

全完内解

河北道河庫銀捌百玖拾貳兩捌錢肆分陸釐

布政司撥解銀柒兩壹錢伍分肆釐

帶征無項

湯陰縣

額征

乾隆伍拾柒年分河銀肆百陸拾肆兩肆錢内除荒並加增優免銀兩

撥補訖

全完内解

河北道河庫銀叁百捌兩玖錢伍分肆釐

布政司撥解銀壹百伍拾伍兩肆錢肆分陸釐

帶征無項

臨漳縣

額征
乾隆伍拾柒年分河銀壹千壹百叁拾肆兩內除荒並加增優免銀兩
撥補訖
全完內解
河北道河庫銀壹千壹百兩叁錢捌釐
布政司撥解銀叁拾叁兩陸錢玖分貳釐
帶征無項
林縣
額征
乾隆伍拾柒年分河銀玖百柒拾貳兩內除荒並加增優免銀兩撥補
訖
全完內解
河北道河庫銀柒百貳拾陸兩柒錢壹分陸釐

布政司撥解銀貳百肆拾伍兩貳錢捌分肆釐

帶征無項

武安縣

額征

乾隆伍拾柒年分河銀壹千壹百叁拾肆兩內除荒並加增優免銀兩

撥補訖

全完內解

河北道河庫銀壹千壹百肆兩肆錢伍分叁釐

布政司撥解銀貳拾玖兩伍錢肆分柒釐

帶征無項

涉縣

額征

乾隆伍拾柒年分河銀陸百肆拾捌兩內除荒並加增優免銀兩撥補

訖

全完內解

河北道河庫銀陸百壹兩叁錢叁分壹釐

布政司撥解銀肆拾陸兩陸錢陸分玖釐

帶征無項

內黃縣

額征

乾隆伍拾柒年分河銀貳百貳拾柒兩叁錢伍分肆釐

全完解交河北道河庫

衛輝府所屬各縣歲辦河銀

帶征無項

額征

乾隆伍拾柒年分河銀叁千壹百玖拾伍兩伍錢陸分肆釐閏月銀柒

拾肆兩共銀叁千貳百陸拾玖兩伍錢陸分肆釐內
除荒並加增優免銀兩於全河歸故等事案內
題明在於地丁銀內撥補布政司照數撥解訖
全完內解
河北道河庫銀壹千玖百捌拾壹兩肆釐
布政司撥解銀壹千貳百捌拾捌兩伍錢陸分
帶征無項

汲縣
額征
乾隆伍拾柒年分河銀貳百玖拾伍兩柒錢捌分伍釐內除荒並加增
優免銀兩撥補訖
全完內解
河北道河庫銀壹百肆拾伍兩壹分貳釐

布政司撥解銀壹百伍拾兩陸錢柒分叁釐

帶征無項

新鄉縣

額征

乾隆伍拾柒年分河銀玖百貳拾捌兩捌錢閏月銀伍拾肆兩共銀玖百捌拾貳兩捌錢內除荒並加增優免銀兩撥補訖

全完內解

河北道河庫銀伍百捌拾兩伍錢肆分叁釐

布政司撥解銀肆百貳兩貳錢伍分柒釐

帶征無項

輝縣

額征

乾隆伍拾柒年分河銀貳百陸拾玖兩貳錢捌釐內除荒並加增優免

銀兩撥補訖

全完內解

河北道河庫銀玖拾陸兩貳錢叁分叁釐

布政司撥解銀壹百柒拾貳兩玖錢柒分伍釐

帶征無項

獲嘉縣

額征

乾隆伍拾柒年分河銀陸百伍兩壹錢壹分貳釐閏月銀貳拾兩共銀

陸百貳拾伍兩壹錢壹分貳釐內除荒並加增優免

銀兩撥補訖

全完內解

河北道河庫銀貳百陸拾兩貳錢捌分壹釐

布政司撥解銀叁百陸拾肆兩捌錢叁分壹釐

帶征無項

淇縣

額征

乾隆伍拾柒年分河銀貳百柒拾玖兩捌錢伍分叁釐內除荒並加增

優免銀兩撥補訖

全完內解

河北道河庫銀壹百壹拾柒兩貳錢壹釐

布政司撥解銀壹百陸拾貳兩陸錢伍分貳釐

帶征無項

延津縣收並胙城縣

額征

乾隆伍拾柒年分河銀柒拾肆兩貳錢內除荒並扣解優免銀兩撥補

訖

全完内解

河北道河庫銀叁拾玖兩壹錢貳分捌釐

布政司撥解銀叁拾伍兩柒分貳釐

帶征無項

濬縣

額征

乾隆伍拾柒年分河銀叁百兩

全完解交河北道河庫

帶征無項

滑縣

額征

乾隆伍拾柒年分河銀肆百肆拾貳兩陸錢陸釐

全完解交河北道河庫

帶征無項
懷慶府所屬各縣歲辦河銀
額征
乾隆伍拾柒年分河銀伍千捌拾叁兩肆錢閏月銀壹百伍拾伍兩共
銀伍千貳百叁拾捌兩肆錢內除荒並加增優免銀
兩於全河歸故等事案內
題明在於地丁銀內撥補布政司照數撥解訖
全完內解
河北道河庫銀叁千柒百捌拾陸兩肆錢貳釐
布政司撥解銀壹千肆百伍拾壹兩玖錢玖分捌釐
帶征無項
河內縣
額征

乾隆伍拾柒年分河銀捌百叁拾貳兩叁錢閏月銀伍兩壹錢共銀捌
百叁拾柒兩肆錢內除荒並加增優免銀兩撥補訖
全完內解
河北道河庫銀柒百肆拾壹兩伍錢捌分貳釐
布政司撥解銀玖拾伍兩捌錢壹分捌釐
帶征無項
濟源縣
額征
乾隆伍拾柒年分河銀柒百叁拾肆兩叁錢閏月銀壹兩捌錢共銀柒
百叁拾陸兩壹錢內除荒並加增優免銀兩撥補訖
全完內解
河北道河庫銀伍百貳拾兩伍錢柒分肆釐
布政司撥解銀貳百壹拾伍兩伍錢貳分陸釐

帶征無項

修武縣

額征

乾隆伍拾柒年分河銀捌百壹拾陸兩陸錢閏月銀叁拾捌兩柒錢陸

分柒釐共銀捌百伍拾伍兩叁錢陸分柒釐內除荒

並加增優免銀兩撥補訖

全完內解

河北道河庫銀叁百貳拾壹兩貳錢壹分玖釐

布政司撥解銀伍百叁拾肆兩壹錢肆分捌釐

帶征無項

武陟縣

額征

乾隆伍拾柒年分河銀壹千伍兩捌錢閏月銀肆拾叁兩共銀壹千肆

拾捌兩捌錢內除荒並加增優免銀兩撥補訖

全完內解

河北道河庫銀捌百叁拾捌兩叁錢柒分捌釐

布政司撥解銀貳百壹拾兩肆錢貳分貳釐

帶征無項

孟縣

額征

乾隆伍拾柒年分河銀捌百柒拾陸兩貳錢閏月銀叁拾肆兩玖錢共

銀玖百壹拾壹兩壹錢內除荒並加增優免銀兩撥

補訖

全完內解

河北道河庫銀柒百陸兩肆錢叁分玖釐

布政司撥解銀貳百肆兩陸錢陸分壹釐

帶征無項

溫縣

額征

乾隆伍拾柒年分河銀肆百叁拾陸兩貳錢閏月銀壹拾肆兩陸錢共

銀肆百伍拾兩捌錢內除荒並加增優免銀兩撥補

訖

全完內解

河北道河庫銀叁百捌拾陸兩壹錢壹分叁釐

布政司撥解銀陸拾肆兩陸錢捌分柒釐

帶征無項

原武縣

額征

乾隆伍拾柒年分河銀叁百捌拾貳兩閏月銀壹拾陸兩捌錢叁分叁

釐共銀叁百玖拾捌兩捌錢叁分叁釐內除荒並加
增優免銀兩撥補訖
全完內解
河北道河庫銀貳百柒拾貳兩玖分柒釐
布政司撥解銀壹百貳拾陸兩柒錢叁分陸釐

帶征無項

以上各道額征乾隆伍拾柒年分河銀連閏月並撥補荒缺實應征銀拾叁萬柒千壹百貳拾柒兩玖錢貳分伍釐又帶征銀貳萬貳百柒拾叁兩捌錢壹釐共銀拾伍萬柒千肆百壹兩柒錢貳分陸釐內已完銀拾壹萬肆千叁百玖拾叁兩壹錢貳分柒釐未完銀肆萬叁千捌兩伍錢玖分玖釐據運河開歸兗沂曹叁道冊稱應於完解河庫之日造入該年庫貯冊內條收

理合註明

右謹奏

聞

乾隆伍拾玖年正月

貳拾貳

日兵部尚書兼都察院右都御史總督河南山東河道提督軍務臣李奉翰

百菊溪中堂查勘海口摺稿

百菊溪中堂查勘海
口摺稿

百跪

奏為查勘海口水勢通暢並無高仰形迹及新挑

河身淤墊堤土塌缺各緣由復查明洪湖水勢

與淮黃受病根源審度全河局勢敬陳管見仰

懇

欽派重臣來江會查定議奏請

聖訓遵行事切奴才抵任後將王營減壩漫口情形恭
摺具
奏即于初七日自清江浦起程會同河臣陳
帶同徐端及淮海道黎世序並廳營各官一路
查勘自王營減壩起下至雲梯關計程一百九十
里所有各工河身經減壩奪流之後間段淤墊

其存有底水之處深者尚有八九尺淺處僅止
二三尺至雲梯關外上年所築新堤南岍自灶
工尾至二木楼止計長六千八百五十九丈共
三十八里北岍自馬港口尾至葉家社止計長
一萬五千七百六十四丈共八十餘里該處地勢
向本南岍低於北岍近因陳家浦漫口後南岍

一帶河灘淤墊是以現在地勢南岍較高再查
詢南岍新堤曾被風浪擊撞間有殘缺業經河
臣飭令加帮并廂做防風埽枕掩護尚屬完全
其北岍自馬港口起至七套止計長六千八百
七十九丈亦經廂做防風堤工完整惟自十套
起至倪家灘止計大小缺口五處現在漫水已

涸其餘堤身亦有殘缺並內外俱被沙淤又查
看北堤外俱係蕩地蘆灘並無居民其正河上
自俞家灘起下至八灘止計淤墊三千餘丈竟同
平陸又自八灘以下查勘河身水深二三四尺及八
九尺不等又查至東窪以下七巨港八巨港大淤尖
龍王廟絲網浜等處水深均一丈內外及二丈不等又

至海口南尖看得河口尾閭寬約三百餘丈向東直出海水瀰漫一望無際南尖灘勢較高形像稍圓其北尖舊時老灘較南尖稍短近来長有新沙東西横亘十有餘里詢之該處漁户據稱向来黄水到海口向東北衝出故北尖老灘上有頭洪二洪之名新灘上有三洪四洪五洪六洪近年新灘接漲其三四六洪已經淤閉惟五洪潮

長尚可通舟潮落即涸其南尖沙灘被水漸次刷消故
今河流轉向東南趨注奴才詳查該處水勢深有一丈有
餘至二丈不等因即令畫工繪圖查對與舊日圖形
不符即係端久在南河亦從未親至其地履勘故向
日相傳海口高仰及攔門鉄板沙之說均非灼見其
御史朱澄所奏淮海道黎世序自東漥至海口現尚

深通之語尚屬確寔當即詰以淤塞之處既不在海口而在倪家灘一帶當時何以不將北岸新堤與南岸一体防守據該道稱本年三月初旬前赴海口探量水勢攔潮垻外未経挑空之處水深四五尺至七巨港下抵海口之十餘里深至丈餘二丈不等其大淤尖舊積淤沙已刷去十餘里雖漫灘之水由堤尾分流而正溜

仍走中洪當將水勢情形稟明總河附奏在案嗣
于三月桃汛期内據報倪家灘新堤漫缺隨往履
勘見口門已刷寬七十餘丈當時稟蒙總河批示俟
秋後查看情形再行辦理嗣于四月二十七八等日
中十套下十套等處又有漫缺及王营減垻坐蟄
過水下游河身水落河底涸出淤墊三千餘丈均

経稟報有案奴才當即詢問河臣倪家灘等處既
有漫口何以不早為修築據稱上年開放引河後
凌汛期内即已報有漫灘及伊到任後親往查勘
見新堤尾水勢三股分流南岸由二木楼堤尾流至
射陽湖歸海北岸由葉家社堤尾流至俞本套歸海
堤外并有倒漾之水上年所築南北新堤地勢

高者出水尚有数尺地勢卑者出水無多兼之
該處土性沙鬆不勝風浪沖擊若照前堆築恐
徒費錢粮仍难經久是以批飭俟秋汛後查看
情形再行籌度辦理並非廢棄新堤等語 奴才因
思去歲既已大費
帑金將二木楼以上河身挑浚自應一律深暢乃

今探量水勢下游海口之末挑者及甚深通即
馬港口以上之河身雖經減垻奪流亦尚存水
近丈獨中叚大施工作之處轉涸成平陸此理
殊不可觧因傳詢該處鄉民及河兵人等僉稱
去歲挑河所穵之土即在河灘堆積並未遠移
堤外今春黄水漫灘冲刷土山坍瀉仍為河內

之淤又挑工盡處之攔潮壩一道放水時壩根
起除未净以致阻梗水中黄水挾泥而来漫壩
而過其泥沙俱為壩基攔阻所以新挑之河停
淤更甚奴才察其所言並檢查道員黎世序五月
所禀亦有漫水汕開河中土山以致河身淤墊
之語此奴才目睹正河海口上下之寔在情形也

奴才又從馬港口行至佃湖見湖中已半為黃淤填塞其舊由東北下注之小黃河亦經壅阻由西北分流之响水口尚復繞經北潮河出灌河海口但該處積沙高下停滯並無河槽蕪有葦蕩蘆灘縱橫縈結詢之土人云下係膠泥前黃水漫注兩年之久不能冲刷深通因地勢寬敞

聽其散流入海此馬港口至灌河一帶水路之
情形也奴才溯查前明臣潘季馴治河時河決崔
鎮我
朝康熙初年河決茆良口皆由灌河入海或一二
年或三數年俱因不能暢達旋即挽歸舊路迨
康熙三十五年前河臣董安國創議改道打築

攔黃壩開通馬港河導引黃水由北潮河出灌
河入海而三十六七八等年河決四次以致黃
水倒灌淤塞運河淮不北流者数載大為下河
州縣之患迨三十九年
聖祖仁皇帝命河臣張鵬翮堵閉馬港盡拆攔黃壩挽
歸故道復將裡河清水諸工大加修濬数年之

後河患始平載在諸書斑斑可考且查灌河一路為山東蒙沂諸水下游而海州之五圖河六塘河及沭陽贛榆安東之水俱從彼處入海若使黃河串入其中諸道河渠皆為淤墊安東迤下水無節宣沿河諸邑勢必滙為澤國非奴才初至清江未知梗概聞主馬港口之說者咸稱入

海之路較正河近至百有餘里因勢利導易於成功且自嘉慶十三年六月黃河漫開馬港由灌河入海之後十四十五兩年各工平穩因進思馬港口未開以前如十一年之蘇家山郭家房十二年之陳家浦屢有漫工覺康熙年間河走馬港頻年漫決今則河走馬港而兩年無事

似屬今昔情形不同且吳璥始奉
欽差查看之時以為必應修復舊口嗣奉
命總督南河又有試行馬港口一年之請後復議修
灌河估工入
奏並稱該處勢若建瓴是以奴才與勒　陳　再
四籌商自馬港口開後既著有成效且比正河

入海之路較近更可節省錢粮並詢之徐　亦
云近理維時奴才等竊以為如此辦理未始非救
弊補偏之一策今奴才身履其地親見馬港以下
積有淤沙凸凹高下與上年堪工未堵時情形
又復不同若重議挑挖其費更鉅且北潮河入
海路窄不及正海口之深通寬廣可以容納洪

流是以数百年来雖正海口通塞不常而治河之臣必堅持弗改者蓋有所見也乃上年興工疏築挖河之土輙置河旁以致漲水汕冲仍淤河内又未將下游之攔潮壩基起除净盡任令水過沙停是在工各員辦理未免草率又查海口去路之通塞揔以黄河水勢之消長為憑檢

查去年臘月放水後海防廳摺報逐日長水一二寸不等其時甫経放河上游自應減水何以轉報加增是敀歸正河之時去路即不通暢其故或係原估丈尺未敷或係挑工偷減滋弊此亦可想而知不能代為曲諒也奴才又尋繹成書規畫全局竊謂黃河之利病亦不全係於海口

夫南河之勢海口是其尾閭清口譬諸腸胃必
腸胃梗結全消斯尾閭暢行無阻奴才查閱減壩
見新築攔黃壩以下老壩工以上河身淤墊行
人可以褰裳徒涉論者謂淤墊之由係減壩奪
流之故然查減壩漫口後數日即築攔水壩以
免下游之淤何致近壩處遽形淺阻若果溜奪

沙停何以老埧工迤下現在測量猶有尺餘之
水可見該處蓄淤日久內在習而不察該處逼
近清口既有壅滯黃水爲能順軌下行似應從
此根求始可得全河關鍵奴才因復由禦黃埧惠
濟祠查至運河口門歷觀頭二三埧轉至蓄清
埧察看五道引河並瞭望全湖形勢溯查從前

治河諸臣揔以蓄清敵黃為要術夫黃河必得清水從中刷沙始不停淤淮水必得暢出清口始不虞汎濫為害蓋淮水自西向東入湖與周橋五垻遥對黃河在洪湖之北淮流入黃其勢不順是以靳輔疏浚五道引河長至一千五六百丈直揷湖心欲接其勢順向北行使迤南之

周橋五壩高埝山盱不致喫重又恐湖水力不
敵黄復於運河口門之外築磨盤埽分湍敵黄
濟運又設立東清壩鉗逼清水使之奮迅冲黄
以資得力良以黄水具數千里之源挾沙而走
其力甚勁淮水僅數百里之流歸湖之後停蓄
成淵非有諸引河以領之并加諸壩以激之恐

其力行緩不能敵黃而出也又遇清水過大則
將東清壩口門拆寬黃水過大則將王營減壩
封上督除務令黃水減而不決清水漲而不溢
由是黃水下行淂清流為之盪滌滔滔入海暢
流無阻乃今河工弊壞其悞于前者有三悞于
後者有三磨盤埽為湖河樞紐曩時歲歲加修

迫後在事諸臣視為無用甚至謂其阻塞清水廢而不修以致漸次冲損無存其悮于前者一也五道引河導全湖之水順勢北趋乃二十年来只太平引河尚復興挑餘則未能疏浚深通以致黄流頻年倒灌幾至淤成平陸其悮于前者二也黄河自山陽清河而下直至海口靳輔

舊設浚船三百餘隻常川爬梭故無積淤之患後竟廢而不用其悞于前者三也又查豫省衛工漫口幾及一年彼時南河受病未深若及早於清口上下大加挑浚使河底深通暢流便可漸復舊規乃在事者遷延悠忽坐失事机此悞于後者一也又查嘉慶十年水勢清摺五月間

清黃并漲彼時不即開放王營減壩減黃助清
轉將下游二千餘里之李工開放黃水不消清
水逼入運河頭壩口門跌深四五丈黃水即躡
後倒灌遂致湖河均受其害是悞于後者二也
黃水倒灌後至十一年清口外淤積成灘河流
逼趋北岸是年夏間復開放減壩黃水猛注刷

成漫口是十年可放而不放十一年不可放而
放其悞於後者三也方今老埧工以上淤灘已
經出水係就奴才所見者而言恐上游如此類者
不少如一段稍有梗阻即一段之流不能通暢
現在減埧奪淄旁洩而上游尚節節报險窃謂
全河之勢尚須從上游講求奴才悉心籌畫現在

減垻以下附近淤沙不趁此時設法疏挑将来
放水後更難著力再迤下一帶積淤之處亦須
分段確估仿照靳輔川字河之法於河身兩旁
抽深濬二道務期一律深通不容再有弊混至
海口去路既查無攔門沙及高仰形迹又寛廣
河納洪流自應堅守正河故道惟去年挑浚之

河內有三千餘丈卷成平陸仍須大加挑空其灶工尾以至二木樓原估挑一丈六尺及估挑八九尺之處現在約計俱共淤高七八尺不等並應比照去年所估至深之工再加二尺庶河深溜駛可冀刷通又據道員黎世序稟稱二木樓以下河身尚須挑空應即酌添土段挑至八

巨為止至西岸新堤應于堤尾接做土埝南岸酌加十里北岸酌加十餘里俱令如法夯硪務臻結寔至黄河漲水靡常海口滙總之區設遇大汛盛漲亦須酌籌分洩之路奴才察看地勢應請于北岸七套地方建設減水壩一座下作石基上封浮土每遇盛漲即令開放減洩其

減出之水由俞本套入海不致有碍民居至減壩以下者壩工淤沙已經露出者可以竭力深挑其攔黄壩以上淤在水中之沙不能挑空應俟放壩後多用浚淤器具派委幹員設法爬梳総期隨溜刷深使河底日低淮流得以暢出為要再王營減壩石工為全河緊要樞紐須乘此

時修浚將来大汛節宣始有把握奴才擬令于引
河上完竣時即由西裹頭接圈越垻逐步進占將
大淌挑入引河金門淌自緩弱合龍易于為力
迨合龍後將積水戽乾即打樁砌石兩旁添築
石墻上封堅土石垻做成之後圈垻仍毋庸起
除作為疊鎖重關更資堅固至洪湖五道引河

急須挑穵深長暢引湖水東注其湖口磨盤埽
及運河外舊設東清埧等項亦須依次修濬以
期底績安瀾上紓
聖明軫念以上所陳係奴才目擊情形并採訪衆論如
此惟是奴才受
恩至重賦性至愚又素不諳習河務自揣管蠡之見

無當機宜現今河道宣防為
國家第一大計既有所見不敢不具陳于
聖主之前此等大事誠如
訓諭惟斷乃成而僅據奴才一已籌思寔不敢勇於自
信合無仰懇
皇上天恩

特派親信重臣帶同素曉河務之員前来江南公同
查勘務期斟酌盡善然後定議具
奏恭候
睿斷施行庶
帑不虛糜功歸永濟知壓
宸懷謹將查看海口情形及籌畫全河辦理各緣由

先行由駟四百里馳
奏并將海口形勢繪圖貼說恭呈
御覽再前奉
頒示吳璥等所進舊圖內載馬港口外大廣庄响水
口小尖集等處今查明距倪家灘漫水處尚有
百里之遥不致被淹其小黃河現為黃水淤墊

向来地形灣直之處僅憑畫工依樣繪成陳
跡于查考尚非敢故為取直謹將奉
發舊圖呈繳伏乞
皇上睿鑒謹
奏

睢工奏稿

睢工奏稿

奏為籌議睢工大概情形並備辦料物各緣由恭

摺奏

聞仰祈

聖鑒事竊奴才於本月初三日由濟南起程初十日馳

抵工次吳　方　亦俱先後到工會同詳細

履勘查口門共寬二百一十五丈東西壩頭現
俱裹護堅實不致再有塌卸此時距開工之期
尚早而壩基及引河頭方位均為第一要務必
須為預酌定俾等公同悉心相度河勢由西南
斜趨東北直折正南下注口門就形勢而論似
應在口門迤北酌定壩基即就近於坐灣迎溜

處開空引河形勢方為順利第西面俱係嫩灘
難以建壩且迎溜應開引河之處地勢甚高不
但費用浩繁並恐吸溜不能得力再四熟籌惟
有靠住口門舊堤接做壩基該處歷年久遠較
為堅實可恃其引河頭方位若距壩基過遠奪
溜即不能得力自應於就近東灘原有河形之

處酌定引河始便於順軌惟此處河勢係自北
而南引河則擬在正東溜已南趨使折而東注
又恐未能得勢必須於西面加築挑水壩一道
將溜勢漸逼東趨對注引河再將引河挑空寬
深庶開放之時勢若建瓴向東直注河流可期
通暢而兩壩不致喫重合龍亦易於為力謹

将現在酌定情形繪圖貼說恭呈

御覽伏候

訓示刻下大局雖定之弟河水長落靡寧倘形勢稍有

遷移容奴才隨時察看另行具

奏至挑挖引河及抽溝工程均經吳　等分段派

員估計現已開工趕辦所需正雜料物亦已委

員分投採買並先付定銀因甫屆登場稭麻尚
俱潮濕一經晒晾恐將來折耗必多是以統限
於八月中旬以後陸續運工以冀核實亦不致
臨時遲悞奴才候各料到工後欽遵
諭旨將料垛寬長高矮按照舊定丈尺秤量並嚴查
空心虛架等弊誠如

聖諭不可徒有減價之名實蹈取巧之習第惟有與
吳方　和東商榷熟籌妥辦務期工歸實
用
帑不虛糜早蕆要工仰紓
聖廑所有籌議大概情形偹辦料物各緣由理合恭
摺具

奏伏乞

皇上睿鑒謹

奏

八月二十五日奉

硃批另有旨

再努由山東省城經過歷城齊河茌平聊城莘
縣朝城觀城濮州菏澤定陶曹縣及河南之考
城睢州等處察看高粱黍穀多已刈穫登場晚
秋雜糧亦俱結實收成俱約有七八分不等且
土膏滋潤已經刈穫之地現正翻犁種麥並有
麥苗已長發寸餘之處其定陶曹縣一帶係上

年賊匪蹂躪之區居民早經復業耕鑿如常地
方極為寧謐洵堪仰慰
聖懷理合附片奏
聞謹
奏　八月二十五日奉
硃批覽

奏為雎工建立壩基及引河挑壩本係公同籌議
意見相符並工料錢糧務期撙節核實緣由遵
旨會摺覆奏仰祈
聖鑒事竊臣等於八月二十五日接准軍機大臣字
寄內開嘉慶十九年八月二十日欽奉

上諭本日那　奏到籌議睢工大概情形並備辦料物緣由一摺將建立壩基挑穵引河方向繪圖呈覽此摺係那　单銜具奏吳　方　二人並未會銜此次堵築睢工如建立壩基挑穵引河能相度地勢得宜則辦理順手易於合龍即錢粮亦不致糜費緊要機宜無有過於此者朕命那

前往豫省與吳　方　會辦伊三人應和衷
共濟計出萬全那　此摺所奏曾否與吳　方
熟商伊二人以那　所定壩基引河方位
為然與否摺內俱未聲明著將此摺發交吳　方
二人閱看若伊等意見相同可保萬全無弊
那　吳　方　三人即聯銜迅速覆奏一面

赶期興辦如吳 方 所見與那 不合即
着伊二人另行據實由驛陳奏併繪具圖說呈覽
那 原圖交軍機處存記以便參酌核定降旨
飭遵總之此事關係重大無論睢工漫口已逾一
年下游災區急思涸復即大工所需帑銀三百餘
萬兩經戶部多方籌撥始能如數解往現在帑藏

支絀情形伊等諒俱深知如能於所撥之數再有
節省是伊等各發天良若辦理不善仍思續請帑
金則其勢萬有不能伊等當慎之又慎不可稍存
諉卸附和之見有誤國事將此由四百里諭令知
之仍由四百里覆奏不可遲滯欽此臣等跪聆之
下仰見

硃筆

硃筆

皇上慎重要工訓誨諄切之至意欽感莫能名狀伏
查堵築大工壩基引河挑壩最關緊要誠如
聖諭相度地勢得宜則易於合龍錢糧亦不至糜費
臣那　本月初十日到工臣吳　臣方
先後趕到當即同赴口門逐細履勘形勢悉心
講求將壩基幷引河頭挑水壩公同酌定繪具

圖説適因下南廳禀報黑堈塌埽險要臣吳
臣方　即先後馳往督率搶護臣那於
十六日拜摺時俱未在工是以单銜具奏此未
及會銜之實在緣由也至睢工上年漫口已逾
一載自應趕緊堵閉所需正雜料物早經臣吳
臣方　委員分投採購因民間種麥甫竣

未能分身到工售賣日內始漸次購集源源到
廠九月十九日吉期定可興工應手各省餉銀
亦陸續解到抽溝引河工程已分派員弁領銀
雇夫次第興挑均無遲誤查工程固須妥籌而
錢糧尤應慎重臣吳　臣方　所請餉銀三
百八十萬兩臣那　細核引河壩工一切夫

工料價係照必不可少之數扣除估算寔無寬

餘臣等皆受

恩深重具有天良現在

國用較繁經費稍形支絀臣等亦俱深知固不敢

惜費誤工更何敢稍任糜用並因向辦大工用

人較多賢愚不一難保無浮混等弊臣等嚴切

曉諭工員務須潔己奉公痛除積習俾共知儆
畏仍不時嚴密稽查功則加獎過在必懲能節
省一分虛糜即工用多一分寔濟臣吳　督辦
各廳搶險工程大局俱已平定已於二十三日
回至睢工臣方　亦於二十五日趕到現與
臣那　會商一切務當妥速趕辦處處力求

撙節事事和衷熟商以冀早蕆鉅工上紓
宵旰除工次應辦事宜另容隨時
奏報外所有睢工建立壩基及引河挑壩本係公
同籌議意見相符並工料錢糧務期撙節核寔
緣由理合遵
旨由四百里會摺覆

奏並繪具圖說恭呈
御覽伏乞
皇上睿鑒訓示再張　鮑　文　延　俱已先
後到工合併陳明謹
奏

奏為睢汎大工謹遵奏定吉辰兩壩廂築開工並
挑河購料分別籌辦以期妥順告成恭摺
奏報仰祈
聖鑒事竊睢工自去秋閱今一載上煩
聖主宵旰憂勤

頻頒訓誨
指示精詳無微不至前經臣等將設壩估河購料各
緣由奏蒙
聖鑒在案茲本月十九日已届
奏定上吉之辰臣等蠲潔公詣壩前敬祀
河神虔禱默佑妥速蕆工上紓

慈壓臣等當即督同道將先自西壩舊隄接築土工

選取膠土層土層硪建立西壩基計長一百零

五丈高一丈六尺頂寬十五丈至十丈不等與

東壩頭相對取直盤頭鑲埽裹護堅寔接向淺

水之處挑空深槽節節多用軟草稭料舖底逐

細填廂向前進占此係淺水築做恐將来溜勢

搜根必須預為防範應於上邊埽裏面澆築夾
土壩益資閉氣穩定又於上首建築挑水壩一
道先築土埧基長六十丈頂寛九丈盤頭廂埽
隨時相機前進既可盖護西埧并可將大溜挑
逼東趨以備啟放引河時更得吸川之勢東埧
溜勢湍急水深四丈餘尺必須加倍慎重層層

保護庶免將來搜後之虞應將東首自磨盤埧
起廂長五十丈寬五丈至七丈不等以為正埧
埧臺再於東首托埧起加廂邊埽長八十丈寬
七丈以為保障此係深水之工須俟追壓穩固
方可向前進占臣等與在埧道將廳營等詳加
核酌東西兩埧應做寬十五丈上水邊埽應做

寬七丈下水邊埽應做寬五丈共寬二十七丈
力量較厚足資抵禦務求步步穩寔占占堅固
不敢稍任遲延亦不敢欲速草率至兩埧正料
本年收穫甚為豐稔惟因上年過旱民間牲畜
車輛頗少重陽以前莊農種麥需用牛驢是以
雇運倍難近始受雇漸多截至本月十九日止

已共集一千一百餘垜尚可供用臣吳、臣方
復飭上游各屬雇備船隻分投嚴催承辦
各員上緊水陸儹運並令兩埧收買民料委員
設法招徠務令源源到廠分派道府廳縣認真
驗收堅寔堆垜以資接濟應手其下游抽溝工
段業經次第報竣派委兗沂曹道熊方受前往

查驗尚俱如式間有續行涸露高仰之處亦即接估抽挑以免梗阻迤上引河挑工計長四千五百六十丈口寬八十丈至三十四丈止底寬七十一丈二尺至三十丈止深二丈二尺至一丈不等現俱劃段分派員弁領銀集夫於本月十五日一律興挑並遴派總催道府分催廳縣

等專住查催勒限妥竣不任稍有偷減延悞又引河頭攔水埧外原存水灘長三百二十丈近日因河溜向東趨刷共塌去二百一十五丈現仍有灘八十五丈如能續行刷塌即可節省挑費否則於埧工合龍之前臨時分段搶挑亦不致遲悞臣等感荷

皇上天恩至優至渥凡於建埧挑河諸務無不廣諮
博採和衷共商務求均臻穩妥一氣呵成所需
工用料物錢粮隨時嚴加稽核暗訪明查斷不
敢稍任侵冒浮混廣 溫 隨同臣那
督辦一切鮑勳茂張端誠文通延豐四員分於
兩埧稽查料物引河總兵薛大烈已於十六日

到工所帶兵四百名分派引河及兩壩料廠巡
防彈壓臣吳　臣方　亦各派兵二百名在
於兩壩總局及壩台街道一帶酌委將備率領
分段巡查現在兩壩料廠並引河等處人夫均
極寧謐臣等公同籌酌分駐兩壩往來督率司
道各員寔力稽核查催如有舞弊怠悞之員立

即據寔叅辦不敢稍有隱飾除飭後欽遵
諭旨按十日一次將鑲做埽埧丈尺情形奏報外所
有睢汛大工謹遵
奏定吉辰兩壩廂築開工並催集料物派挑引河
各緣由恭摺由驛奏
聞並繪圖貼說恭呈

御覽伏乞
皇上睿鑒訓示謹
奏

嘉慶十九年九月二十九日接奉

批迴二十五日奏

旨另有旨欽此同日奏

上諭那　等奏雎汎大工遵照奏定吉辰兩壩鑲

築開工並挑河購料分別籌辦一摺雎汎開工之

日天氣晴朗諸凡妥順甚屬吉祥覽奏欣慰著發

去二號藏香二炷細藏香一束交那　等於奉
到日即親詣東大堤
大王廟敬爇二號藏香一炷虔祈
神佑餘一炷俟合龍日再行敬詣祀謝其細藏香一
束著隨時拈爇以期藏工穩固此次睢汛工程朕
所最廑念者堤工道里綿長廠料堆積甚多防護

最關緊要現在逃逆犯多未弋獲上年該處即
有蔡景華等遣令夥賊潛赴工次圖焚料垛之事
此時各餘匪聞知興辦大工尤恐心存叵測即不
能別滋事端或圖藉以洩忿工次人夫眾多必有
餘匪溷跡在內稽查彈壓尤應嚴密又東西兩壩
工段甚長倘築做之後該逆等逞其奸謀乘間盜

決所關尤屬非細著那　等即飭知薛大烈派
撥弁兵并督率地方及在工文武員弁無分晴雨
晝夜巡防不得以時值寒冬稍有懈弛如竟有焚
燒料垛及盜挖堤工之人那　等當即嚴訊該
犯係屬何處逸匪並何人指使來工逐一根究務
令供吐寔情迅速奏聞嚴行懲辦其派出在工巡

緝各員如果始終勤奮將来大工合龍後並准那
等保奏數員加恩奬勵至雎工廂做埽填丈
尺情形著仍遵照昨旨每屆二十日繪圖貼説具
奏一次將此諭令知之欽此

奏為據呈叩謝
天恩仰祈
聖鑒事竊臣等於本年九月初十日准吏部咨開嘉
慶十九年八月十八日奉
上諭鮑勲茂著加恩賞還四品卿銜俟雎工事竣回京

後遇缺補用等因欽此當將鮑勳茂傳到恭宣
諭旨該員伏地磕頭叩謝
天恩並據呈稱竊鮑勳茂緻欲庸愚毫無知識前在
太常寺少卿任内緣事褫職悚懼愧悔寢食靡
寧仰荷我
皇上仁施逾格

特准捎復郎中並蒙
恩派赴雎工差委俾自新之有路寔感戴以難名七
月閒經吏部籤掣工部屯田司郎中不敢拘泥
守候引
見當在吏部具呈聲明遵即啓程赴工聽候差遣委
用黴勞未効兢惕正殷茲復欽奉

温綸賞還四品卿俟睢工事竣回京補用忝清班之
再列欣
寵渥之優霑自顧何人叨沐
天地生成至於此極撫躬循省銜結倍增惟有將現
在河工派委事件矢慎矢勤寔心經理以冀稍
答

高厚鴻慈於萬一除雎工告竣即回京趨詣

宮門泥首外所有感激下忱謹具呈懇求代

奏恭謝

天恩等情前来臣等理合據呈轉

奏伏乞

皇上睿鑒謹

奏九月三十九日奉到

硃批覽欽此

奏為堵築雎汎壩工進占丈尺並挑空引河分數

及現在口門河勢情形恭摺具

奏仰祈

聖鑒事竊臣等於九月十九日將雎汎大工謹遵奏

定之吉辰兩壩廂築開工並催集料物派挑引河

各緣由恭摺奏

聞在案嗣於九月三十日奉到

上諭那　等奏睢汛大工遵照奏定吉辰兩壩廂

築開工云云欽此仰見

皇上垂廑鉅工並於靖匪防奸機要靡不上煩

睿算指示周詳臣等祇服

訓詞同深感佩敢不竭誠經理上慰
宸衷遵於十月初一日親至東大堤
大王廟敬爇二號藏香齋心叩禱領存二號藏香
一炷供奉廟內俟合龍之日敬詣祀謝仰答
神庥又細藏香一束臣等於每月朔望秉誠拈爇
以冀仰邀

神佑穩固告成查睢工漫口先經臣等擬定自西
壩舊堤接築土工建立壩基與東壩頭相對取
直盤頭廂埽裹護當於九月十九日應吉進占
其時大河溜勢原向東趨由東壩頭折而南注
西壩前祇係淺水隨令挑穵深槽多用稭草鋪
底向前進築正以淺水埽工入土不深將來合

龍之際埧前水勢蓄高底槽易於刷蟄恐有搜
後之患不可不加意防備忽於是夜東北風大
作大溜自東埧折向西南將西埧前淺灘全行
刷塌所進之第一占緩緩平蟄隨蟄隨廂追壓
穩定（甚安）測量埽前已水深二丈九尺次早風息浪
平察看埧工雖次第俱就深處廂做尚不與重

硃批

硃筆

以淺水難恃之工、忽成深水磐石之固。因難見

易。化險為平。俄頃之間。盡如人意。正深慶幸以

感謝

為難得之遭逢旋於九月二十五、日欽奉九月

神佑寔難言喻

十九日

諭旨臣等跪讀之下方知

聖駕於淮汎興工之日

親詣
御園
河神廟拈香默禱上格
天心呼吸相通
神靈感應故能於進占之始兆此吉祥臣等恭宣
諭旨與在工文武無不感戴

硃點

皇仁倍增寅畏計自九月十九日起至十月初九日
止二十日内原估西壩土壩基計長一百零五
丈高一丈六尺頂寬十五丈至十丈不等計工
已過一半夯硪堅寔正壩已進占二十五丈並
於上邊埽裏面澆築膠土俱隨正壩邊埽築做
隨築隨固土凝草護不致有隙浸穿兼免汕刷

洄漩之處又西壩上首擬築挑水壩一道現在照依奏定丈尺先築壩基餘俟臨時相機進占妥辦以收挑溜之效至東壩原定自磨盤壩起廂長五十丈帮寬五丈至七丈不等共寬十五丈以為正壩壩臺再於東首托壩起加廂邊埽長八十丈寬七丈以資保護以上各工俱係迎

溜廂做水深溜急層層追壓到底必須加倍小心令於二十日期內晝夜廂辦正壩已做成二十八丈邊埽共做成四十一丈查全河形勢東壩若與西壩同時進占計工原可迅速惟細審河形大溜趨向東南緊對引河極為順利東壩不宜多做以順形勢俟做與裏頭相齊後擬試

進一二占如溜勢不致遷移再向前相機廂做
倘溜勢稍有妨碍即行盤護裹頭口可由西垻
向東進占趕做將溜逼向引河以備將来放河
時吸溜得勢其挑空引河工段連日核計土方
數目已得三分有餘約計人夫共十餘萬兩垻
跑土運料亦不下二萬餘人大抵多係被水災

黎伊等仰蒙
天恩撫賑兼施又得藉工自食其力出作入息衣食
有資各皆安分營生自開工以來亦無鬭毆爭
競之事惟兩垻引河工段綿長正雜料廠又多
積聚而大工總局尤為錢糧重地火燭盜賊在
在均關緊要且工次地接山東界連河北在逃

逆犯多未弋獲難保無漏網匪徒溷跡在內誠
如
聖諭稽查彈壓尤應嚴密先經臣等酌調河撫標官
兵並鎮臣薛大烈帶兵四百名分駐引河料廠
適中之地派委道府大員及營弁督率兵役在
於東西兩垻及引河料廠總局附近地方日則

梭織稽查夜則輪班防守并於料廠四圍挑空
深濠以資保護其兩岸渡口及賣買街市五方
雜處莫辨奸良已札飭各州縣於捕役中挑取
眼明手快者數十名派員帶領給予眼目賞格
及逆犯年貌清单令其留心偵緝并專委道府
大員董率經理臣等仍不時親往抽查兩旬以

來通工甚為寧謐惟興工伊始為日尚長時屆
寒冬更宜謹慎臣等惟有督率在工文武共相
儆勉安益求安如有拏獲奸匪即當嚴行審究
務得寔情錄供奏
聞從重懲辦至工需料物委員分投採辦源源到工
兩壩稭料除支用外尚存二千餘垛接續購運

不致缺悞以期無負

聖主委任責成之至意除嗣後欽遵

諭旨按二十日一次將口門丈尺進占情形奏報外

所有睢汎開工二十日内進占丈尺並河溜情

形及挑穵引河分數人夫安堵各緣由理合恭

摺由驛奏

聞並繪圖貼說恭呈
御覽伏乞
皇上睿鑒訓示謹
奏　十月二十日奉到
硃批另有旨

再十月初七日

前來睢工面傳

欽差戶部侍郎盧

諭旨此次大工合龍之後毋庸奏請另建

河神廟其在工人員實在出力者准其秉公核實

具奏不得濫行保列等因欽此臣等伏思興舉大

工

河神效靈默佑功在生民應行虔誠歆祀以昭崇

報惟大河綿亘廟貌相望無在不式憑

靈貺自不必定於堤工堵合之區到處立廟且現

在東壩建有

河神廟適近口門将来合龍之後謹當遵

旨即在廟中上香酧

神毋庸另行起建至現在堵築漫口工鉅事繁調
派文武各員人數固屬不少但興築大工係為
國計民生大小臣工分應急公趨事此內如有實
在奮勉之員臣等當於合龍後擇其尤為出力
者據實奏請
施恩斷不敢濫行保列以期仰副

聖主慎重官方防維倖進之至意理合附片復
奏伏乞
皇上睿鑒謹
奏　十月二十日奉
硃批覽

十月二十日奉

上諭那　等奏堵築雎汛堤工進占丈尺並挑挖引河分數及現在口門河勢情形一摺據稱雎汛大河溜勢原向東趨九月十九日夜東北風大作大溜自東堤折向西南將西堤前淺灘全行刷塌進占廂墊追壓穩寔測量埽前已水深二丈九尺

以淺水難恃之工忽成深水磐石之固覽奏曷勝
欣慰朕於睢汛開工日親詣御園
河神廟拈香虔申默禱而該工次果於進占之始有
此吉祥因難見易化險為平感謝
神佑寔難言喻現在西壩已進占二十五丈東壩亦
鑲做二十八丈並廂做邊埽四十一丈惟溜勢趨

向東南緊對引河看來東壩形勢最為吃重此時
應先由西壩向東進占逐層廂壓將來金門收窄
尤應倍加慎重期於步步穩定合龍鞏固至該處
存料有二千餘垛現尚源源而來自敷工用惟上
年逆犯尚多未獲寔難保無來工滋事之徒那
等當嚴飭在工文武員弁嚴密防範現在風高

物燥火燭尤宜謹慎料做附近地方俱當禁止烟
火即支取料物亦勿令兵役等於夜間秉燭前往
並飭派巡查官兵於桃兒濠溝之處分投瞭望晝
夜巡邏既可守獲料物而遇有潛来滋事匪徒更
可就近查拏現在應緝要犯或能就獲亦未可定
一經弋獲即著由驛馳奏將此諭令知之欽此

奏為睢工進占丈尺引河出土分數河流順利工

次平安遵

旨按期奏報仰祈

聖鑒事竊臣等於十月初九日將睢汎開工以後進

占丈尺各緣由恭摺奏聞

睿鑒今自十月初十日起至二十九日止連日氣候
暄和或偶遇陰寒大風不過數時半夜亦旋即
晴暖是以力作兵夫倍加踴躍計二十日期內
西壩共進占三十丈係屬迎溜施工水深三丈
八九尺不等每進一占旋又刷深俱形平墊三
四尺隨即跟廂追壓務令層層到底步步穩寔

硃點

以異一勞永逸其夾土壩並上下邊埽俱隨正
壩一律廂做連前共進占五十五丈、原估西壩
基計長一百零五丈高一丈六尺頂寬十五丈
至十丈不等前次奏報計工過半今已全行築
竣層土層硪堅實可靠現在大河溜勢日見東
趨由引河頭折向西南直注西壩自下水邊埽

硃圈

向南奔注就現在而論正河大溜切近引河已
形吸川之勢。事機之順。無過於此。是皆仰賴我
皇上厪念災黎至誠感格得邀
河神默佑動合機宜臣等感佩之下尤深敬畏惟
西垻下邊埽係大河迴流之處最為喫重現又
添做護埽計長七十八丈寬自一丈二三尺至

四丈不等遮蔽埧身阻遏水勢俾無後滙之虞
原擬挑水埧土埧基六十丈業已照估築做此
時溜勢既順且緩進占如金門收窄時河形無
上下遷移即可節省挑埧錢糧俟臨時相度辦
理至東埧原定自磨盤埧起廂長五十丈幇寬
五丈至七丈不等共寬十五丈以為正埧埧台

前已做成二十八丈今與舊裹頭俱已做齊其
東首托填起原定加廂邉埽八十丈寛七丈前
已做成四十一丈今又接做二十二丈尚餘十
七丈現隨大填暫緩前進緣東填本係大溜經
由之所從前水深四丈餘尺自九月十九日以
後大溜由上邉埽趨向西南填前水勢日見消

硃

落已試進二占計長八丈因係淺水施工難期穩寔暫緩前進今垻前淤出嫩灘萬無在灘面再行進占之理祇宜仍由西垻向東趋做俟水勢逼至東垻將嫩灘全行刷塌然後兩垻同時並進以期一舉合龍引河工段截至十月二十九日止統計出土已得七分有餘大約十一月

二十日以前均可次第完竣至引河頭較引河
身更宜挑穵寬深現擬酌留臨河五六丈以待
將届合龍時趕穵啟放外其餘已飭自下而上
先行就便開工俾得從容辦理所需料物源源
接濟可期應手臣等仰沐
天恩受此重任固不敢欲速草率亦不敢稍涉因循

惟有殫竭血誠敬慎経理以冀早日蕆工上紓
宵旰憂勤之至意填工引河人夫衆多商販雲集均
係搭棚棲止櫛比如廛而料物日積日多冬令
風高物燥火燭尤宜倍加小心防範料廠外俱
係重濠四面支架帳房俾巡廠兵役輪流歇宿
每日将晚即将廠門封閉遴委司道大員并将

并等分撥段落派定更次輪番稽查臣等仍不
時親詣查察倘有怠惰偷安立即撤回懲處如
果始終奮勉事竣據實保奏現在大小文武俱
知勉力已結通工人夫寧靜堪以仰慰
聖懷所有初十日起至二十九日止工次進占丈尺
並河勢大概情形理合繪圖貼說恭摺具

奏伏乞

皇上睿鑒訓示謹

奏十一月十三日奉

硃批另有旨

十一月十三日奉初六日
上諭那　等奏睢工進占丈尺引河出土分數並
工次順利平安情形一摺睢工自前月初十日起
至二十九日止此二十日期內西壩又進占三十
丈其夾土壩並上下邊埽隨正壩一律鑲做連前
共進占五十五丈現在大河溜勢日見東趨引河

已形吸川之勢事機實為順利至東壩本因淺水難以施工今復於出嫩灘自應即由西壩趕做其引河工段自下而上挑空深通酌留引河頭數丈臨時趕空之處亦著照伊等所議辦理此時壩工逐日進占金門收窄溜勢日形湍急所有廂做埽工尤須加意慎重務當步步穩實追壓到底不可

稍有走失耶　　等無存欲速之見即合龍之期
稍寬十日半月之限均無不可總以工段堅固慎
保萬全為要所料物現在源源到工足敷接濟惟
聞向來每遇大工將屆合龍之時商販等所運料
物計已到遲不復收買又須自行運回多糜脚價
往往偷燒料垛冀工用缺乏伊等得以居奇獲利

此等奸商習慣伎倆切須嚴防著那　等飭知
巡防官弁督同兵役晝夜留心嚴密稽查不可稍
涉疎懈所有工次情形仍按二十日期限再行詳
悉具奏將此諭令知之欽此

奏為睢工瑞雪優霑大河結凍兩壩暫緩進占并
連日搶辦埽工防守料廠及挑空引河各情形
恭摺奏
聞仰祈
睿鑒事竊臣等於前月三十日將睢工進占丈尺各

緣由具摺奏蒙

聖鑒茲於十一月十三日欽奉

上諭那　等奏睢工進占丈尺引河出土分數云

云將此諭令知之欽此仰見

皇上睿謨廣運詳示機宜臣等跪讀之下曷勝欽感

查自十月三十日臣等奏明東壩淺灘不能廂

做廳由西埧進占至十一月初四日止又進一
十五丈連前共七十丈上下邊埽夹土埧俱隨
正埧廂做東埧正埧身做長五十八丈合計東
西兩埧共得一百二十八丈現計口門尚寬八
十餘丈正擬趕緊儹辦初四日下午陡起西北
大風日夜未息人夫幾不能穩立初五六等日

瑞雪時降大河南北普律均霑積厚七八寸一
尺不等麥根藉資盤固大有裨於農功惟西壩
進占之始原係迎溜施工其上邊埽水勢側向
南趨究不甚深自初五日以後河勢由引河頭
折向正西直注壩頭上水邊埽原水深丈餘者
驟刷至三丈五六尺前占甫穩後占復蟄臣等

督率司道廳營將弁趕緊搶廂始臻穩定而正
垻各占亦陡蟄丈餘風雪交加天時異常寒冷
所有搬運土料力作兵夫不無費手經在垻文
武員弁無不人人奮勉鼓勵兵夫無分晝夜分
投搶護雖水勢因風湧猛而埽工愈刷愈深連
環沉蟄深至四丈儘三日夜之力將正垻及上

下下邊埽俱隄廂穩宴并無顧此失彼之處一
律保護平穩此皆仰賴我
皇上福德光昭
河神默佑臣等慶幸之餘倍深感惕至引河頭溜
勢圈注兜灣恐日久下卸隨於托埧後添做護
埽四段又於引河頭南口廂做托水埧一道托

開溜勢以免向裏塌臥並可於將來啓放引河
時兜溜歸河自初八日申刻風息天晴氣候嚴
寒大河業已凍合惟西壩頭因仍有大溜不曾
結凍照舊流行口門以上大河積凌甚為堅厚
詢之道將廳營僉稱辰下難以施工臣等察看
情形寔屬未能措手仍恐冰凌下注劇傷捆廂

船隻掣動壩身大有關係當令鑿開冰凍將船
放至下游停泊並於兩壩頭密掛欓凌椿扶厚
板並選取大楊椿排列壩頭貫以鐵鍊派撥文
武員弁兵丁分班晝夜防守保護一面委員在
於兩壩上下邊埽塗抹膠泥不使梢草顯露以
防意外火燭其東西料廠誠如

聖諭奸商習慣伎倆尤須嚴切預為防範已令將散廠歸併二三大廠廠外加挖重濠寬深一丈並據巡查廠員陳州府知府李振翥河南府知府齊鯤歸德府知府謝學崇等稟稱於料廠重濠之外又自行捐貲環築土墻一道土墻內外派令員弁兵役晝夜輪替巡緝臣等仍不時親詣

查察防守倍昭慎密期於共保無虞自十一日
冬至以後天氣漸覺回和倘能仰邀
神佑冰凌解化仍可進占即一面奏
聞一面仍由西壩趕緊堵築惟節屆隆冬正水澤腹
堅之候雖偶值日暖風和亦不過暫時融化而
大凌未見下注寔未便冒險進占臣等再四思

維祇可暫停工作緩俟融和冰泮再行施工查
大堤工程已得三分之二現在口門祇寬八十
餘丈一俟冰凌化後臣等謹遵
聖諭加意慎重趕緊廂辦不過匝月為期可望一氣
呵成至引河已有陸續報完工段其餘亦俱有
八九分不等值此積雪凝凍之後挑挖不免費

手経總催道府等嚴飭趕辦約計本月二十三
四日可期一律完竣所集人夫亦見次第散去
伏查兩垻現既不能進占所有工次委員薪水
兵弁人役飯食需費寔繁工既暫停似宜酌量
裁撤以節糜費至垻上人夫現有築墻挑河各
工不致全行散去緩急亦可無虞即將來進占

之時附近貧民仍即聞風雲集應添兵丁俱可
就近札調朝發夕至通工人夫寔為寧靜臣等
惟有小心防護恭爇
欽頒藏香虔禱
河神護佑得以早日開工剋期蕆事以仰紓
聖主宵旰憂勤之至意所有睢工已進丈尺連日搶

辦埽工及引河將次完竣并現因河凍暫緩進
占各緣由理合繪圖貼說恭摺具
奏伏乞
皇上睿鑒訓示謹
奏十一月二十五日奉到
硃批另有旨

臣那　臣吳　臣方　臣李　跪

奏為遵

旨奏覆仰祈

聖鑒事竊臣等於十一月二十七日將大河冰淩已

鮮壩工可以進占緣由恭摺奏

聞仰紓

宸廑於十二月初一日亥刻奉到
上諭前據那　　等奏十一月初五六等日風雪交
加至初八日天氣嚴寒大河凍合暫停進占本日
李　　奏察看大壩引河及南北岸兩岸隄埽工程
情形摺內亦稱河冰結凍只可將已做各占加廂
高厚遇有蟄動隨時追壓俟冰凌融釋即可趕緊

進占等語雖工東西兩埧進占至十一月初四日
止共得一百二十八丈計口門仍寬八十餘丈是
進占尚未及三分之二現因驟寒凍結停止進占
在工官弁人夫甚衆閒住工次必多糜費此時吳
李　尚有督飭廳營等於新舊各埽工及埽
灣迎溜之處防護凌汛等事耶　方　更一

無所事在彼坐待時日朕心盼望及早合龍連日
甚為焦切京城自冬至以後天氣晴和該處冰凌
日內曾否融泮其進占工程是否已經接辦如尚
未施工約計何時可以接續進占就現在口門丈
尺計算進占後再約須幾日可以合龍著那
等確切察看將寔在情形迅速由驛四百里覆奏

將此由四百里諭令知之欽此臣等查工次自冬至以後日暖風和至十一月二十二日起連朝大霧二十四日午後正河數百里冰凍全行開裂排擠滿河隨溜奔騰直從口門下注其勢甚為汹湧當將兩壩前有碍工作之處設法鑲鑿約計二十九初一兩日之內可以施工已於前

揖聲明在案今於二十八日臣等察看所淌氷
凌已漸碎小測量西壩埽前水深四丈隨令將
捆廂船隻提上口門并於船外又排列圈船派
兵攩凌防護已於是日督率道將廳營掛纜進
占夜以繼日至十二月初二日止計進占八丈
其東壩自二十七日以後因氷凌擁擠溜勢由

上邊埽並正壩上首一帶淘刷不移水深三丈
八九尺至四丈不等以致正壩門占及上邊埽
五六七段計長三十丈寬十餘丈前後行蟄臣
等分派道將督率廳營晝夜跟廂直至初一日
各埽始臻穩定現在普律加廂盤壓厚土務使
跟追堅定查正壩下水尚係淺灘擬俟西壩再

進一二占之後將河淄漸逼東趨刷去淺灘即
可相機兩壩同時進築則一日之力可收兩日
之功敬仰
皇上盼望合龍甚為焦切臣等受
恩深重敢不竭誠盡瘁以冀早日完工計自開工以
來事機俱為順利占占穩寔一切吉祥雖工作

因寒凍暫停而仰賴
皇上洪福
神靈默佑未及兼旬河冰已泮仍可照舊施工此
後雖就深水進占若如近日晴和鼓勵兵夫趁
時攢辦晝夜不停約計年內可望合龍倘稍遲
數日正月初十內亦可竣事臣等惟有仰體

聖心博收羣力務使時不虛度人無餘閒加以慎重
隄防俾臻妥速以此自盡職守即以此仰答
主知所有工次現已接續進占及籌辦大概情形并
約計合龍時日各緣由理合遵
旨由驛四百里覆
奏伏乞

皇上睿鑒謹
奏十二月十二日奉到
硃批祇餘七十五丈年內定可合龍必須慎重辦理切勿
稍有草率仍遵前定日期具奏欽此

十二月初六日奉

上諭那　等奏大河冰凌已解壩工可以進占一
摺覽奏稍慰睢工堵築緊要前因大河凍合不能
施工朕心深為廑念今據奏前月二十二至二十
四等日連朝大霧瀰漫河壖正河數百里冰凌全
行化解計算六七日之間冰凌可以消盡二十九

初一兩日即可進占此皆
上蒼默佑
河神效順曷勝感謝之至現在那　等仍擬於西
埧先行進占務當倍加慎重期於所進之占步步
穩實追壓到底勿稍大意至此時口門祇存八十
餘丈若以每日進占三丈而計三十日可以竣工

即再加從容四十日亦可蔵事約計正月初十左
右定當合龍此後伊等不必隔二十天發報一次
著按照此次摺報五日到京期限於初十日由四
百里發報一次將堵築情形詳悉奏聞限於十四日
遞到二十四日再由四百里發報一次限於二十
八日遞到此後俟合龍堅固著由六百里飛速奏

聞将此由四百里諭令知之並著發去鹿肉兩塊

野雞四隻分賞那　吴　方　李　四人

祇領欽此

奏為恭謝

天恩事竊奴才奉到

頒賞

御製文一部到工當即恭設香案望

闕叩頭祇領跪讀恭惟我

皇上德懋乾脩
心存聖敬
朝乾夕惕垂敬
天法
祖之良謨
経正民興

敷飭紀整綱之郅治共欽
巽語下情洞悉夫隱微用迓
天庥丕應潛通於呼吸
咨臣鄰以孜孜圖治無怠無荒對
昊綍則翼翼小心亦臨亦保
宸章炳煥

大哉言而
一哉心
琅帙昭宣勵庶明而康庶事從此逋逃悉戢閭閻永
慶夫敉寧庶績咸熙中外具臻乎治理所有拏
感激欽佩下忱理合恭摺叩謝
天恩伏乞

皇上睿鑒謹

奏

奏為恭謝
天恩事竊臣等會奏大河解凍仍復進占
批摺回工欽奉
諭旨頒賞鹿肉野雞臣等當即望
闕叩頭祇領訖恭惟我

皇上仁周胞與
德洽寰區饑溺為懷
沛安全之大澤痌瘝在抱
建鞏固之長堤一陽初復之先六出應時而降未
兼旬而解凍恩波流河畔之春集億姓而施功
愛日化凌寒之氣仰荷

神庥默佑實由
聖德感昭茲蒙
賞及臣僚
寵頒鮮味銘深腑膈
上方分林麓之珍
恩逮河壖正席拜庖廚之

賜臣等勉司畚鍤膺
重寄而覆餗時虞飽飫肥甘拜
殊恩而素餐滋愧惟有殫精竭力兾順軌以迴瀾慎
始圖終慶合龍於指日所有臣等感激下忱謹
合詞恭謝
天恩伏乞

皇上睿鑒謹

奏

奏為遵

旨將雎工堵築情形詳細奏

聞仰祈

聖鑒事竊臣等前於十一月二十七暨十二月初二

等日將大河解凍情形及進占丈尺先後奏蒙

睿鑒茲於十二月初六日奉到
上諭那　等奏大河氷凌已解埧工可以進占云
云四人祇領欽此臣等遵將
恩賞鹿肉野雞叩頭祇領另摺恭謝
天恩查睢工大埧口門截至十二月初二日止尚寛
七十九丈今西埧自初三日接進數占以後溜

勢漸向東趨將東壩下水淺灘刷深一丈餘尺上水計深四丈二尺臣等相度機宜督率掌壩文武各員於初七日亦向前進占現在合力廂做晝夜不停截至初九日止西壩進占十六丈東壩進占六丈統計兩壩共堵築一百五十八丈上下邊埽俱與正壩一律廂齊現在口門計

寬五十七丈按文程工蔵工計日似無難尅期
蔵事惟口門日收日窄中泓愈刷愈深且西埧
迎溜施工更為喫重雖近日天氣晴和而節届
隆冬早夜朔風凜慄濱河一帶尤覺沍寒上游
淌下氷塊尚多每於兜灣處時見積聚凝結必
須早晚隨時開鑿加意防護方可以次進占是

以約計合龍時日當在臘盡正初此係臣等在
工目擊寔在情形始能約畧計算今恭繹欽奉
諭旨已早在
聖明洞鑒之中仰見
睿照機先遠及數千里外臣等欽佩悅服莫可名喻
惟有恪遵

訓諭倍加慎重期於所進之占步步穩寔追壓到底
不圖速效近功祗冀一勞永逸仰慰
慈懷除此後工程遵照
欽限發報具奏外所有十二月初十日以前睢工堵
築情形理合繕摺繪圖遵
旨由驛四百里

奏覆再引河頭形勢照常通工甚為寧靜合併陳
明伏乞
皇上睿鑒謹
奏

十二月十八日接奉十四日

上諭那　等奏睢工堵築情形一摺據稱自本月初
三日起截至初九日西壩進占十六丈東壩進占六
丈兩壩共堵築一百五十八丈上下边埽俱與正壩
一律厢齊口門僅寬五十七丈等語睢工兩壩現經
那　等督率各工員併力厢築按丈計工以工計

日臘底正初定可蕆事耶　　等察看情形如歲內
可以合龍即預擇吉日吉時屆期一舉蕆功或須緩
至正初著於初二三四等日擇吉合龍向來合龍之
前即當先放引河耶　　等定有合龍吉期於開放
引河後即先将引河水勢情形及合龍日期由四百
里奏聞俟合龍穩固仍遵前旨由六百里馳奏至此

時大埧口門水深四丈二尺施工尚不甚難那　等
惟當倍加慎重於所進之占步步穩實工程鞏固以
期一勞永逸用副委任將此由四百里諭令知之欽
此

奏為雎工堵築丈尺並上游復凍情形恭摺具
奏仰祈
聖鑒事竊臣等于本月初十日將雎工進占各緣由
奏蒙
睿鑒茲于十八日戌刻欽奉

上諭那　等奏睢工堵築情形一摺云云將此由四
百里諭令知之欽此臣等跪讀之下仰見
皇上廑念鉅工時縈
宵旰當此功屆垂成
示以倍加慎重臣等荷蒙
委任敢不計及萬全以期一勞永逸伏查睢工大壩口

門截至十二月初九日止尚寬五十七丈自初十日起至二十一日止東壩進占十四丈西壩又進占十五丈統計兩壩連前共堵築一百八十七丈上下边埽俱與正壩一律廂齊現在口門僅寬二十八丈兩壩併力施工歲內原不難以蕆事惟旬日以来朔風凛慄濱河一帶更極沍寒前自冬至

以後天氣雖漸回和上游氷凌即未全行融化今
復結凍數百里較前更為堅厚幸賴
聖主鴻庥
河神黙佑惟金門一帶行溜如常即間有薄氷隨時
敲鑿尚不致有礙工作臣等督率員弁兵夫早夜
衝寒不遺餘力向前赶做口門愈收愈窄中泓漸

刷漸深測量水勢已深五丈六七尺不等東西正
埧及上下边埽隨蟄隨廂悉臻穩固旬日以来仍
復進占二十九丈按日課工尚無短絀計現在未
做之工不及十分之二臣等亟思赶緊辦理一氣
呵成但上游氷凌復行凍合一經融化隨溜奔騰
由口門下注其勢必甚洶湧即設法防護恐口門

過於收窄有礙出路已屬可慮且再進十餘丈後
即須開放引河並恐凌塊擁擠河頭致令歸槽不
能暢順于通工尤為大有關係臣等不敢不倍加
慎重隨與兩壩道將各員再四熟籌須俟大凌淌
過之後再行赶做方為妥善伏思口門僅寬二十
八丈不過旬日總可成功查二十六日即屆立春

東風解凍氷淩自必日見消化今乘此暫緩工作
之時將兩堤已做各工一律盤壓堅益求堅氷開
後衹須向前進占別無後患計算仍不過正月初
十前後定可合龍仰紓
聖廑上游近因氷淩擁擠正河迤西新灘內有分溜數
股致成串溝直注西堤臣等察看情形隨赶做蓋

埧一道蓋護西埧後身用資保衛並將分溜數股
堵截歸一挑入正河逼向東趨至引河頭原存土
寬六丈長八十丈土方尚多今口門業經收窄已
飭令逐層起除以便臨時易於開放並將引河內
酌加挑挖跌塘十餘處俾放河時更成掣溜吸川
之勢臣等唯有悉心籌計務使時不虛度人無餘

間俾臻萬安一俟氷凌解化即赶緊施工盡力厢
做相机開放引河並擇定合龍吉日吉時遵
旨先行奏
聞俟合龍穩固後再遵
旨由六百里馳奏所有工次進占丈尺及近日氷凍情
形理合繕摺具

奏並繪圖貼說恭呈

御覽伏乞

皇上睿鑒謹

奏

嘉慶十九年十二月二十一日奏

嘉慶二十年正月初三接奉

上諭那　等奏睢工丈尺並上游復凍情形一摺

睢工西埧經那　等督率員弁兵夫晝夜厢築

口門僅餘二十八丈測量水勢深至五丈餘尺現

因天氣沍寒上游氷凌復行凍結雖口門處所行

溜如常但氷泮後擦損堆擁於埽工引河均有窒

礙自以稍緩工作為是那　等當趁此時將兩
壩已做各工一律盤壓堅固本日已交春令訝侯凍
觧氷融趕緊進占務令步步穩實一舉成功正月
初旬合龍亦不為遲那　等擇定合龍吉日開
放引河先由四百里奏聞侯合龍穩固仍遵前旨
由六百里馳奏現屆年節發去黃辮大荷包一對

小荷包四個交那

祇領將此諭令知之欽此

奏為大河冰凍尚未開融恐厪

聖懷恭摺具

奏事竊臣等於上年十二月二十一日將上游復

凍情形奏蒙

睿鑒茲於本年正月初二日奉到

上諭那　等奏睢工丈尺並上游復凍情形一摺

云

云欽此臣那　遵將

恩賞荷包叩頭祇領另摺恭謝

天恩臣等查工次立春之日天氣融和共盼冰凌泮

解正月初十前後即可合龍上紓

聖廑乃十二月二十八九日陰寒復甚三十日至初

一日同雲密布大雪繽紛積厚尺餘日來天氣
雖漸晴明而雪後倍加寒冷大河冰凌不但未
能融化且堅厚更甚於前臣等亟思早一日合
龍庶可仰慰
聖心無如刻下人力難施寔屬萬分焦急伏思正月
十一日即交雨水節候春氣漸深自當日漸和

暖現在冰凌雖極堅厚究係春冰易於酥解約
計十數日內可望冰解河開一俟凌塊消盡臣
等即督率晝夜趕辦以期迅速蕆事所有已做
各工俱一律盤壓甚屬穩固工次亦極寧謐恐
上煩
宸廑先此奏

聞俟冰泮進占之時再行恭摺具
奏再兩湖督臣馬　進京
陛見行至豫省因上游全行凍阻莫能渡河探聞惟
睢工口門可以過渡即於正月初五日取道來
工臣等同赴兩埧察看已做工段並冰凍情形
以備

聖明垂詢已於初七日起程北上合併陳明伏乞
皇上睿鑒謹
奏
嘉慶二十年正月十六日奉
硃批另有旨欽此

奏為恭謝

天恩事竊奴才於本年正月初二日欽奉

上諭現届年節發去黃辮大荷包一對小荷包四個

交那　祇領等因欽此奴才當即恭設香案望

闕叩頭敬謹祇領伏念奴才荷蒙

委任趋事雖工仰體
聖主廑念民依時縈
宵旰亟思趕緊蕆事早慰
天心仰賴
皇上洪福自興工以来諸事無不吉祥順利惟因兩
次風雪凍河致稽時日撫躬循省寢寐難安前

蒙
聖恩
頒賞
御書福字正深感惕茲復以現届年節
特賜大小荷囊
錫賚優加益覺慚惶無地奴才惟冀冰凌早泮趕緊施

工魁日合龍庶可稍酬
高厚鴻慈於萬一所有奴才感激下忱謹繕摺叩謝
天恩伏乞
皇上睿鑒謹
奏　嘉慶二十年正月十六日奉
硃批覽欽此

嘉慶二十年正月廿一日奉到十四日

上諭吳 等奏工用不敷酌撥本省藩庫銀兩以濟
急需一摺睢工需用銀兩前經約估三百八十萬
兩之數茲據稱十八十九兩年未開工以前已動
用銀二十餘萬兩開工以後築壩挑河等工寔止
用撥餉銀三百五十餘萬兩現在物料昂貴車船

運送維艱其雜料夫工等項不能悉照原估經費
寔屬不敷等語大工即日告竣一應支發急需接
濟著准其將藩庫收存浙江鹽務及廣東捐銀協
濟睢工銀十一萬兩一款及捐復捐監雜款等項
提撥銀三十餘萬兩並借用例扣平飯等銀那
等務將工程認真督辦俾料寔工堅尅期合龍

永臻鞏固俟工竣後分别應銷應賠及應行攤徵
詳晰奏明核寔辦理將此諭令知之欽此

嘉慶二十年正月十六日奉到十二日

上諭那　等奏大河冰凍未開工程稍為停待一摺睢工鑲築口門僅餘二十八丈因雪後寒冷冰凌尚未融化人力難施祇可暫緩工作據稱十一日交雨水節候春氣漸深約計十數日可望冰解河開等語剋下想已漸次進占那　等於趕緊

督辦之中尤宜倍加慎重務令鑲壓穩固步步堅
實查本月十七二十二十一等日俱係上吉如能
於十七日開放引河二十二十一兩日內合龍固
屬甚善若進占稍遲或於二十日開放引河另擇
吉日合龍亦無不可總期一勞永逸保固萬全為
要仍遵前旨於開放引河後先由四百里具奏並

報明擇定合龍吉期俟合龍穩固後再由六百里

馳奏可也將此由四百里諭令知之欽此

奏為大河氷凍已開形勢較前順利埧工計日進
占工次一切平寧恭摺奏
聞仰祈
聖鑒事竊臣等於本月初七日將氷凌尚未開融工
作仍須停待各緣由具

奏在案茲於十六日奉到
上諭云云欽此仰蒙
皇上訓示周詳無微不至伏查工次自正月初一日
以後因風雪沍寒大河氷凍較前更為堅厚僅
餘口門上下溜勢湍急處所未經凝凍其正河
迤西灘內前經臣等

奏明有分溜數股致成串溝嗣以正河氷凍愈堅
愈濶擁塞不通是以分溜愈多水長之時連成
一片俱由灘上泛溢自北而南直趋口門下注
深處已至二三丈不等其舊日引河頭行溜之
處始而漸微既而全行斷溜臣等察看情形溜
勢既改為自北而南則引河頭距大溜甚遠將

来啓放引河萬難得勢若趕做挑水埧逼溜東
趋不特多糜数十萬金柳且曠日持久當即相
度形勢趕緊於分溜之處飭令排樁編柳堵截
分流以冀歸併向東故道連日分投搶辦其分
溜處因有樁柳攔截流行不暢遂向東坐一大
湾似有東趋之勢惟因引河頭一帶氷凌凝結

千餘丈之長厚至數尺阻遏甚堅是以未能即
歸舊道仍復折向西南隨又督飭文武員弁帶
領兵夫一面自西北鑿向東南一面自東南鑿
向西北晝夜併力順勢鑿敲至二十月全行鑿
通大溜立時掣動直趨引河頭暢行其分溜即
漸見減少淤墊查從前溜勢係由西斜趨東北

於盤馬寺坐灣始向東岸由引河頭繞出口門
今則由西北直趨東南緊靠引河頭趨行較之
從前更為得勢是皆仰賴
聖主洪庥
河神默佑得於數日之內大溜轉背為順由塞而
通在工臣民無不同深歡慶連日天氣晴和向

陽氷淩俱已消鮮隨溜奔騰下注其背陰處所
尚未全消不過一二日內亦必開泮計至二十
五六日內淩塊即可淌盡臣等即督率趕緊進
占敬慎經理以冀迅速蕆事按日計工二月初
五六日即可啓放引河其時合龍吉日已可擇
定自當欽遵

諭旨先由四百里具奏俟合龍穩固後再由六百里
馳
奏現在已做各工均属堅固工次亦極寧謐所有
氷凌鮮泮形勢順利及進占日期理合恭摺先
行具
奏并繪圖貼說敬呈

御覽伏乞

皇上睿鑒謹

奏

奏為查明引河溝工間有草率偷減請
旨分別懲治以重要工事竊照興舉大工兩壩進占
已屬緊要至引河溝工尤必須一律通暢合龍
始易於為力節經臣等嚴飭督催及承辦各員
實力經理去冬十一月底據各工員陸續呈報

完竣即札委桃北同知張兕前往驗收並切寔
曉諭如承辦之員有草率偷減等弊一面勒令
挑挖一面指名據寔具稟以憑參辦一俟江南
境內溝工完竣即行啓放清水臣等以該同知
係熟悉河工人員責成專辦嗣於十二月十六
日據護理江南徐州道嚴烺稟報江南溝工一

律完竣時因引河抽溝內渟蓄清水業經堅凍
當即委員多僱人夫趕緊敲鑿以便啓放清水
旋據該同知稟報已將江境界壩啓放沿溝查
看水勢下注頗為暢順等語其查驗溝工引河
工段有無高仰草率均未稟及臣那 以事
關緊要復委員前去查看乃抽溝內亦稍有草

率高仰處所清水未能暢注臣那　伏思抽
溝既有不如式之工則引河尤必須詳細查驗
當即會同臣吳　等親赴引河溝工查看一百
二十餘段內有十餘段草率高仰之處隨派委
署開歸道唐仁植前任開歸道降補通判陳啓
文候補小京官張裕慶督同下北河同知張協

高等將高仰工段另行確估復寬加深委員趕
緊挑挖勒限完竣并據該署開歸道道唐仁植
等將承辦各工員查明揭報前來臣等荷蒙
聖明委任督辦大工凡在工官弁功過必當示以勸
懲於公事方能有濟且此等鉅工慎益加慎猶
恐不周乃承挑引河抽溝各員並不寔心經理

草率偷減間有不如式工段而驗收之員又未
認真稽查若非早為查出俱被承挑各員朦混
伏查此項補挑之工雖不甚多業經完竣但似
此藐玩惡習未便稍涉姑容必應嚴行參辦查
山東兖沂曹濟道熊方受係督催抽溝工段候補知
府林嵐徐日簪係總催引河曹考通判錢樹蕃

候補通判龔志岸係分催引河柏溝工程候補
通判榮慶係分催引河江南桃北同知張鼎係
驗收工段該員等於十餘段內有草率偷減毫
無覺察均屬咎無可辭相應請
旨交部嚴加議處仍令戴罪在工効力如再稍有貽
誤即嚴行叅辦治罪若知奮勉出力俟合龍工

竣後臣等據寔具奏至承挑草率偷減引河抽
溝工段各員弁今查明所挑丈尺偷減在一尺
外者臣等分別咨部斥革并枷示該工示懲所
需補挑銀三萬餘兩若在承辦微末員弁各名
下攤追徒有其名終屬無着當着落道府大員
熊方受林嵐徐日簪張鼎及分催錢樹蕃龔志

岸榮慶等七員名下照各該工所發數目賠繳

另行報部所有查明引河抽溝工段内草率偷

減緣由理合據實恭

奏伏乞

皇上睿鑒訓示謹

奏

奏為恭謝
天恩事竊𡚁揩差回工敬捧
頒賞
御書福字當即恭設香案望
闕叩頭祇領伏念𡚁趨事罔工毫無報稱屆茲陽

回鳳琯仰荷
寵錫龍章萬福来同渥被自
天之頒賜
一人有慶喜聽率土之臚歡
羲畫舒華
寶翰與星雲而並燦禹疇

錫福春祺自河洛以先敷慶兆元韶瑞雪霈先春之
澤祥開首祚條風播大地之和眷惟頵冰融軌
順頼
鴻福而迅蕆鉅工堤穏瀾安慰輿情而早紓
宸廑所有眷感激下忱謹繕摺叩謝
天恩伏乞

皇上睿鑒謹

奏

嘉慶二十年正月廿三日奉

硃批知道了欽此

再工次於除夕午刻起至元旦巳刻止瑞雪繽
紛積厚盈尺當此履端布朔獲此祥霙洵為
昇平上瑞在工臣民無不歡欣同深稱慶查豫省
上年十一月間得有雪澤麦苗蟠根深固已大
有益農田今復渥沛優霑雲勢亦甚濃厚得雪
地方自必寬廣春收定占上稔堪以仰慰

聖懷惟河內氷凌數日來因風雪沍寒尚未融化工
作不免稍稽時日所有已做各工甚屬穩固工
次亦極寧謐一俟氷凌解泮可以施工 㪯即督
率趕緊進占不敢稍有延緩理合附片奏
聞伏乞
睿鑒謹

奏

嘉慶二十年正月廿二日奉到

硃批覽欽此

二月初一日奉到正月二十七日

上諭那　　等奏河冰已開形勢較前順利計日進
占工次平寧一摺雖工金門僅餘二十八丈前因
雪後沍寒河冰堅厚停止進占茲據奏連日天氣
晴和冰凌漸泮計至二十五六日內凌塊即可淌
盡其引河頭行溜處所因排樁編柳堵截分流並

將積冰鑿開大溜掣動由西北直趨東南緊靠引
河頭行走形勢寔為順利本日已二十七日該處
定已施工進占那　等務即加緊督辦並步步
慎重務令廂壓穩固二月初九日係上吉之期如
能先期開放引河於二月初九日合龍固為甚善
若儹辦不及則於初九日開放引河於初十日外

另擇吉日合龍但不得逾二月十五日之限總須
趁桃汛未到以前早蔵大工以慰殷盼仍遵前旨
於開放引河時先由四百里具奏俟合龍穩固後
再由六百里馳奏將此由四百里諭令知之欽此

二月初一日奉到正月二十七日

上諭那　等奏查明引河溝工草率偷減請分別懲治一摺豫省此次興舉大工所有挑空引河抽溝等事必須一律深通合龍始易為力乃承挑各員並不寔心經理驗收之員又不認真稽查以致一百二十餘段內有十餘段草率高仰之處寔屬

藐玩所有督催抽溝工段之道員熊方受總催引河之知府林嵐徐日簪分催引河抽溝工程之通判錢樹蕃龔志岸分催引河之通判榮慶驗收工段之同知張鵬俱著革去頂戴仍交部嚴加議處責令該員等戴罪在工効力將來開放引河時果能暢順不滯尚可酌量施恩如稍有貽誤定行從

重治罪所須補挑銀三萬餘兩即罰令熊方受等
七員照各該工所發數目賠繳報部查核其承挑
草率偷減各員并著查明情節較重者分別斥革
枷號工次以示懲儆欽此

二月初二日奉到正月二十八日

上諭朕聞黃河冰泮凌汛之後桃汛即接踵而来緣河流自西北而東南上游一帶春融後冰雪消化滙入大河順流行至豫省江南計其時正值桃花開放因相沿名為桃汛向来河工過驚蟄後十日桃汛必至歷驗不爽本年正月二十六日已届驚

硃筆

蟄節候上游汛水將至雎工合龍之期豈可再緩
那　等督辦要工豈計不及此又涉因循疲玩
矣。自因上年抽挑引河工段草率偷減未能早行
查出直至十二月底始知引河挑不如式不能開
放趕緊補挑有需時日遂藉冰凍為詞暫為停待
此時汛期已迫伊等辦理已覺遲延若桃汛前不

能合龍再遷延多日則工次數十萬人夫豈不又
滋糜費耶　　等接奉此旨即督率工員晝夜堵
築勿許片刻躭延並步步厢壓穩定能於二月初
五日以前合龍最為妥善即寔在趲辦不及亦限
於初十日前合龍穩固不可再遲致干重咎慎之。
將此由四百里諭令知之欽此

硃筆

奏為恭報啓放引河水勢暢順恭摺具
奏仰慰
聖懷事竊臣等於正月二十三日將大河冰凌漸解
即日趕緊進占緣由
奏陳

聖鑒在案嗣於二月初一初二兩日欽奉
恩旨指授機宜至周極備臣等不勝欽佩感悚伏查
自正月二十五六等日天氣月漸暄和上游冰
淩亦將淌盡連日督飭在工員弁兩埧又進占
共十七丈二尺臣等以事屆垂成皆係深水施
工尤須步步追壓穩寔不敢稍存欲速之見是

以所做工段皆俟盤壓到底之後方敢前進日
來口門收窄溜勢愈緊東西兩壩及上下邊埽
不免閃有蟄動及迴溜兜刷之處均經隨時加
廂搶護穩固不任稍有草率至本月初三日口
門僅存十丈八尺測量埽前水深七丈二尺而
上游大河之水已高丈餘所有河心灘面一律

普漫緣二百餘丈之河面盡收束於十一丈之
口门溜勢奔騰非常湍急埧工對峙屹立不搖
察看正河形勢大半皆向引河頭東注折而南
趋惟蓋埧上游分流處於前摺呈進圖內本有
分溜四股經臣等設法排樁編柳將迤西三股
截止歸入正河已見掛淤其最寬之一股尚有

分溜四分由盖埧前直趋口門并將盖埧趕進

兩占一併將分溜挑向東趋臣等細加體察埧

工業經收窄上游水面蓄高趁時啟放引河可

收水到渠成之效當即於初三日卯刻恭捧

頒發藏香敬爇埧頭虔叩

河神仰祈

靈貺恰值天氣晴明風色順利而東壩趕進之占
之後溜益湧激勢不可遏誠恐壩工過形吃重
隨飭工員即於午刻啓放旋見大河之水建瓴
而下電掣風馳沛然莫禦瞬息之間已將數十
里之引河全行鋪滿兩岸塌崖其初啓土埂時
即見全河奮迅下注如飛瀑怒濤寔不能詳察

分溜之多寡直至初四日黎明河形漸成長川
之勢奔駛稍平後察看正河溜勢已入引河六
分又有蓋壩前分注金門之溜亦掣動一二分
由東壩上水邊埽折入引河統計掣動大河溜
勢寔已六分有餘並據睢寧商虞二廳稟報黃
水已於初三日亥刻水頭已行抵商虞汛九堡

未及六時已逾百里此皆仰賴

聖主洪福

神佑昭垂俾得暢流東下注故道復循兩岸官民無

不同深舞蹈臣等欽感之餘益增敬畏現在填

工僅餘六丈二尺尤當慎益加慎晝夜趕緊進

占計工作之時日可於初八九日掛纜合龍一

俟退壓穩固即當由六百里馳

奏上慰

宸衷所有啓放引河水勢暢順及現在趕辦填工情

日合龍緣由謹遵

旨先由四百里具

奏并繪圖貼說恭呈

御覽伏乞
皇上睿鑒謹
奏

奏為恭謝

天恩仰祈

聖鑒事本月初一日奴才由邸抄内恭閲

諭旨仰蒙

皇上特派奴才管理

雍和宮並
清漪園等處事務祇悉之下不勝欽感伏念奴才受
恩至重未効涓埃自去秋奉
命派赴豫省督辦雎工半載以來未能及早竣事正
深惶悚茲復渥承
恩眷俾令勤事

宮廷感沐
鴻施有加無已并惟有將現在睢汛緊要鉅工加意
小心經理迅速穩固合龍以冀仰報
高厚鴻慈於萬一所有感激下忱理合謹繕摺恭
謝
天恩伏乞

皇上睿鑒謹

奏

奏為睢工合龍穩固全黄復歸故道恭摺奏報仰
感謝
慰
天恩
聖懷事竊臣等於二月初三日將啓放引河水勢通
神佑
暢情形由四百里
奏報後隨將東埧趕進之占追壓堅寔於初五日
筆

復將西壩接進一占上游水勢日見蓄高引河
驟長水三尺餘寸流行迅利據歸河廳禀報黄
水於初七日行入江境並據界連豫境之江南
蕭南同知禀報入境後順流東注甚為暢達至
大壩金門自水融閉工以後水深七丈餘尺收
束愈窄溜勢愈猛每進一占倍形吃重當此功

屆兵戍料物錢糧尤須寬為籌備方免臨事周
章臣吳　臣方　復經飛札藩司不拘何欵
銀項提撥二十餘萬兩解工一面添購正雜料
物並易換錢文以備夫土急需一面督率各員
弁慎重廂辦令其多壓重土跟進堅寔方敢冉
行進築步步穩固並無一占閃失至初八日口

硃

門僅存寬四丈有餘水勢更加刷深臣等察看情形必須趕緊堵閉不可稍待即於初九日卯刻。兩壩同時掛纜。層土層料儘力堵築至初十日寅刻將次廂壓到底溜勢益形激怒從埽底淘刷加深金門大埽陡蟄丈餘帶動西壩門占蟄矮六七尺計長十餘丈當即儹運料土連夜加廂至十一日辰刻金門大埽並西壩緊靠口門之接連四占復蟄矮二丈二三尺東壩門占亦帶動蟄矮丈餘計共長三十餘丈情形甚為危險幸壩身寬厚日夜搶出水面三丈六尺雖屢經陡蟄並未平水亦無走失且錢糧料物寬裕人夫十數萬搬料檯土蜂擁雲集得以源源

硃

應手臣等親駐堤頭督率在工文武員弁分投催運料土加廂追壓片刻不停各員弁率領兵夫於溜猛埽危之際倍加踴躍爭先奮不顧身隨蟄隨廂併力搶築並趕做關門大埽竭五晝夜之力。至十三日。大堤週身更為高厚結實上下水邊埽亦普律加築穩固金門斷流閉氣毫

無涓滴滲漏十四日堤前已停淤丈許仍令再
壓重土堅益求堅河流悉歸故道凡在工官民
同時感頌
皇仁欣叨
神佑伏查睢工自十八年九月漫口後淹浸民田
界連三省我

皇上垂廑民瘼
宵旰焦勞時逾二載臣那　於上年八月奉
命督辦抵工以來會同臣吳　臣方　悉心商確
節次將辦理情形具
奏仰蒙
聖明指示無不

洞燭機先臣等得所遵循敬慎籌辦寔未敢一刻稍
安惟因去冬十一月閒及臘月下旬兩次氷凌
凍結人力難施又以上游分溜四道直趋口門
大溜距引河頭漸遠幾至無所措手迨氷泮後
一面將蓋壩接長一百六十丈挑溜東注一面
收窄兩壩連得西南風七日始見全河大溜仍

轉向引河東趨形勢順利追堵築時屢經刷深
陡蟄竭力搶辦幸免閃失正符
欽定合龍上吉之日得以一舉成功消非臣等心思
才力所能及洵由我
皇上精誠感格
昊貺丕昭始獲化險為平蕆功單固登灾黎於衽席咸

永慶夫安瀾臣等欽抃之忱莫能名狀至此次
大工各料廠堆積稭垛排比鱗列火燭等事防
範實非易易屢奉
諭旨諄誡経臣等分派文武多員梭織巡查鎮臣薛
大烈專司彈壓引河督查料廠各員弁兵役人
等風雪寒宵往來徹旦半載之久並無踈虞且

引河兩壩力作人夫聚至數十萬之多各官弁
寔力彈壓屢捕匪棍俾良善自食其力時無虞
度人無餘閒是以酗酒滋事等案亦俱甚少現
在大工已竣正壩東作方興各夫不待遣散而
已歸農畝者十居七八所有善後及附近各河
廳加高培厚各工以現在未散人夫而計仍數

工作舉凡吉祥順利民情寧貼寔為歷次大工

所罕有所有在工文武大小員弁共四百餘員

臣等量其才具分派職事斷不敢市恩濫保而

目擊各員冒險衝寒晝夜勞瘁亦不敢壅於

上聞茲擇其始終奮勉寔在尤為出力者繕具清單

敬呈

聖鑒可否量予鼓勵之處出自

皇上天恩其次出力各員另容分別咨部議敘謹將

大工合龍穩固情形遵

旨由六百里馳

奏仰慰

聖懷並繪圖貼說恭呈

御覽所有大工善後事宜如後戧二埧均關緊要臣
等現在會同確勘另行奏
聞辦理再河臣李　已於本月初六日由汴省到
工於合龍穩固後即赴下游查看禦水各工料
理事竣仍即回至睢工會同籌辦善後事宜合
併陳明伏乞

皇上睿鑒謹

奏

二月廿一日奉

批廻即有恩旨

臣吳　跪

奏竊臣欽奉

諭旨俟雎汛合龍工程鞏固再同那　回京供職

等因欽此現在雎工業已合龍穩固臣亟思遵

旨回京跪求

聖訓惟查大工告竣尚有善後一切事宜現與那

等督同道將確勘妥籌俟臣河督任內未竣

之事臣受

恩深重不敢以業經交卸印篆稍存歧視合無仰懇

聖恩俯准臣暫留工次幫同李　方　督率道

廳等務於三月內趕辦妥竣臣再行起程進京

聞心庶覺稍安合併附片具

奏請

旨伏祈

睿鑒訓示謹

奏

二月廿一日奉

批廻另有旨

再刑部員外郎温承惠自上年六月蒙
恩派隨臣那　前赴山東查辦事件復蒙
派赴睢工該員感戴
天恩隨同臣等籌定章程監視工作盡心稽查不避
嫌怨凡遇險要竭力搶護半載以来無一日稍
懈謹據寔具

奏現在尚有善後一切事宜隨同經理俟勘定後

再隨臣那　一同回京合併陳明謹

奏

二月廿一日奉到

批廻另有旨

再候補四品卿鮑勲茂候補郎中張端誠候補
七品小京官文通候補七品筆帖式延豐蒙
恩發往睢工差委該員等在工日夜督工不辭勞瘁
理合據寔奏
聞現無經手未完事件已飭令回京合併陳明謹
奏

二月廿一日奉

批廻另有旨

再查兗沂曹道熊方受候補知府林嵐徐日簪
江南桃北同知張鼎候補通判榮慶錢樹藩龔
志岸等前因督催引河溝工承辦工員間有草
率段落該員等未能詳查揭報經臣等參
奏請
旨交部嚴加議處所有補挑銀兩著落該員等賠繳

如果始終奮勉再行具奏並奉
諭旨先行革去頂戴該員等感激愧奮復督率兵
趕緊補挑於工竣後啟放引河甚為通暢合無仰懇
聖恩將熊方受林嵐徐日簪張昺榮慶五員
准予開復原官其錢樹藩龔志岸二員留於東河効
力以州判縣丞酌量補用如蒙

俞允林嵐徐日簪榮慶均係未經得缺之員照例仍
留於河南山東候補張昺仍回南河候補熊方
受係題缺人員照例歸部銓選所有應賠銀兩
仍著落該員等速繳理合附片請
旨遵行謹
奏

二月廿一日奉

批廻另有旨

再前候補員外郎張裕慶因嘉慶十五年催儹
馬港口堤工合龍後間有歪斜恭奏賠修部議
降三級調用應補七品京官又前任開歸道陳
啟文因十八年睢汛跌防案內部議降四級調
用又原任宿北同知王廷彥因十六年廂做埽
段草率恭革賠修完竣丁憂服闋到工委防堰

圩大汛經臣吳　臣方　先後
奏明調赴雎工差委又原任商虞通判周存義前
因商虞廳任內失察火燒料垛并商邱縣任內
因公挪移庫項革職嗣據將料垛庫項賠繳全
完又原任曹考通判耿錫略因核減著賠銀兩
叅奏革職所有賠項前經咨部復准自十九年

起分限八年完繳已於初限內繳銀二千兩又
河南候補知縣夏琳前署夏邑縣任內失察前
官書吏欺隱租銀部議補官日降一級奉
旨出具考語送部引
見以上各員亦經臣等調赴睢工當差伏查張裕慶
等自到工以來勤奮急公寔屬始終出力今大

工告跋可否仰懇
聖慈將張裕慶准其捐復員外郎陳啟文准其捐復
四級歸部選用王廷彥准其捐復同知仍回南
河候補周存義耿錫軫二員准其捐復通判夏
琳准其捐復一級仍留豫補用之處出自
皇上格外

天恩如蒙

俞允所有各該員捐復銀兩令其就近在河南藩庫

完繳過便解交部庫為此附片具

奏謹

奏　二月廿一日奉

批廻另有旨

嘉慶二十年二月十七日内閣奉

上諭那　等奏睢工合龍一摺睢工自前年九月

漫口後全河下注洪湖下游被淹時閱一載有餘其正值邪匪滋事河北用

兵無暇辦理已

朕宵旰焦勞特派那　前往工次會同吳　方

等籌辦自上年九月興工冬間值氷凌凍結

暫停工作本年正月氷泮後接續進占於二月初

三日啓放引河溜勢掣動六分有餘那　等督
率各員弁上緊堵築層層追壓至初八日金門僅
寛四丈遂於初九日卯刻兩壩同時掛纜儘力鑲
壓因金門大埽蟄矮帶動兩壩隨蟄隨鑲竭五晝
夜之力至十三日金門斷流大工合龍此皆仰賴
天恩

神佑尅期蕆事朕心寔深欽感著發去藏香十炷交
那　等恭詣
河神廟敬謹祀謝在工大小官員特沛恩施獎其勞
績那　著加恩交部從優議敘吳　有革職留
任處分二案俱著開復方　有革職留任處分
六案著開復前二案薛大烈本係提督降調今在

工彈壓出力著賞加提督銜仍交部議敘刑部員
外郎溫承惠著以刑部郎中用候補四品卿鮑勳
茂郎中張端城七品京官文通七品筆帖式延豐
俱著儘先補用開歸道唐仁埴賞加按察使銜河
北道趙麟現因失察孟岵瞻一案部議降二級調
用著加恩免其降調無庸給與優敘候補道吳紹

浣遇缺即補葉觀潮賞還花翎知府李振翥賞戴
花翎謝學崇以道員用歸部即選捐陞道員知府
齊鯤歸部即選以知府用之江南候補同知王世
臣留於豫省免補本班以知府無論繁簡遇缺即
補捐陞雙月知府之山安同知婁青留於豫省捐
足不論雙單月以知府即補署下北河同知張協

禺以沿河知府陞用汶州直隸州知州熊象階以知府陞用同知夏英培候補同知鄭紹裘候補通判繆儁莫樹菁俱賞加陞銜知州陸有恒知縣加知州銜鄒蔚祖以同知直隸州陞用知州查彬知縣姚蕭俱以應陞之缺儘先陞用知縣李清傑陳仁智州同徐錞俱賞加知州銜候選府經歷加捐

通判劉玉衡候選知縣錢鴻誥李于垣捐復知縣
傅士奎俱歸部儘先選用縣丞吳桓鄒光曾即補
縣丞鍾梁儘先縣丞劉德懋周墉俱以應陞之缺
陞用候補通判蕭以霖候補知縣謝世科劉洪詒
候補布政司都事王濬生候補布政司經歷楊兆
新候補府經歷俞邦績楊際雲候補縣丞張兆恩

范喬松 王寧瀾候補從九品楊斯熙張大韓婁倫
劉錦懷李增候補未入流胡嶽宗裴長樂馬慶成
王淳試用吏目章恂河工候補未入流李軒衢俱
儘先補用州同盧萬之縣丞王仲澇准其留於東
河候補前任總兵降補千總張績著以守備陞補
遊擊銜都司楊克榮請加副將銜未免過優著賞

加叅将銜都司全保達桑阿王立志俱賞加遊擊
銜協倫楊尚彩賞加都司銜叅将周奉賞換花翎
遊擊陸允守倫莊漪張兆俱賞戴藍翎守倫鄭慶
瑶包延齡俱賞加都司銜都司銜守倫孫魁一以
都司陞用千総高奇張仲杜長清孫榮甲俱以守
倫陞用叅将蘊雲龍都司石元瑛守倫周豫昆董

元壮千總劉玉魁劉學霖把總張禹愚俱以應陞之缺陞用張裕慶准其捐復員外郎陳啓文准其捐復四級歸部以道員選用王廷彥准其捐復同知仍回南河候補周存義耿錫輅准其捐復通判夏琳准其捐復一級俱仍留河南補用各該員捐足捐復銀兩即令就近在河南藩庫完繳遇便解

部熊方受等前因督催引河溝工承辦工員草率未能詳查揭報經部議革職現在合龍究因引河工段重挑以致稍稽時日熊方受等五員遽請開復原官未免過優熊方受著以同知補用林嵐徐日贇著以知州補用張愚著以通判補用榮慶著以知縣補用錢樹藩龔志岸即留於東河効力以

州判縣丞酌量補用該部知道摺単并發欽此